AF563222

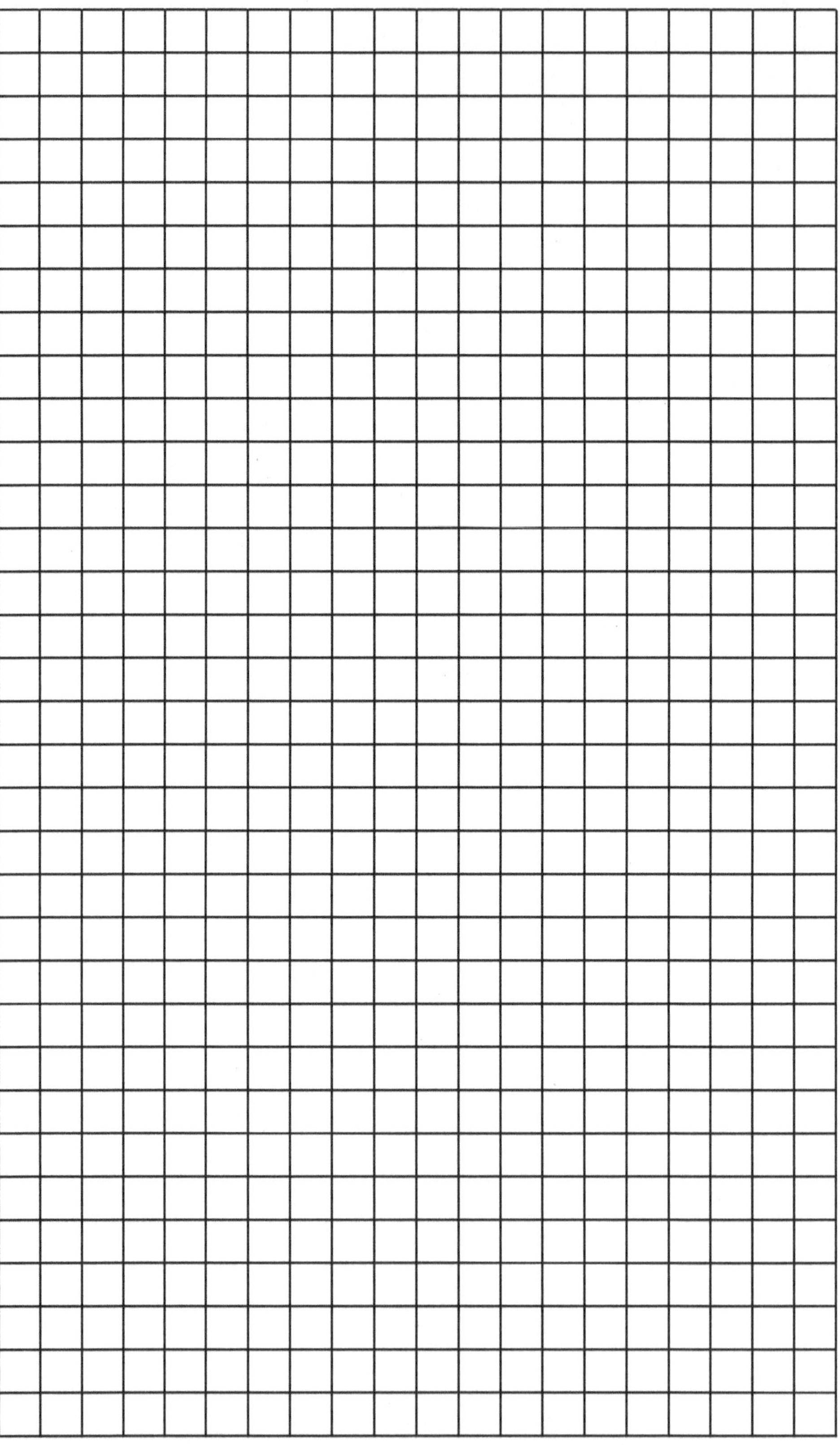

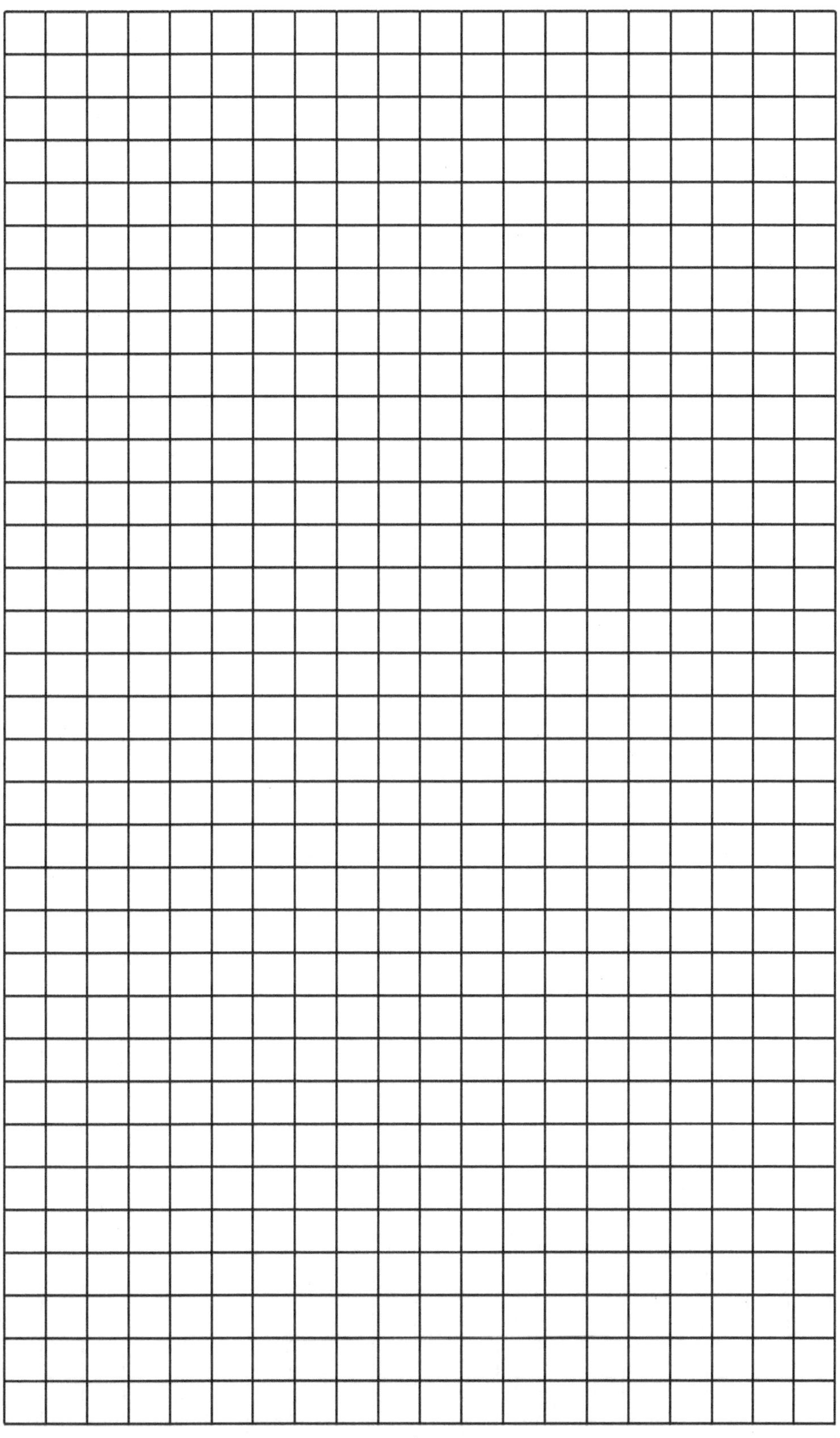

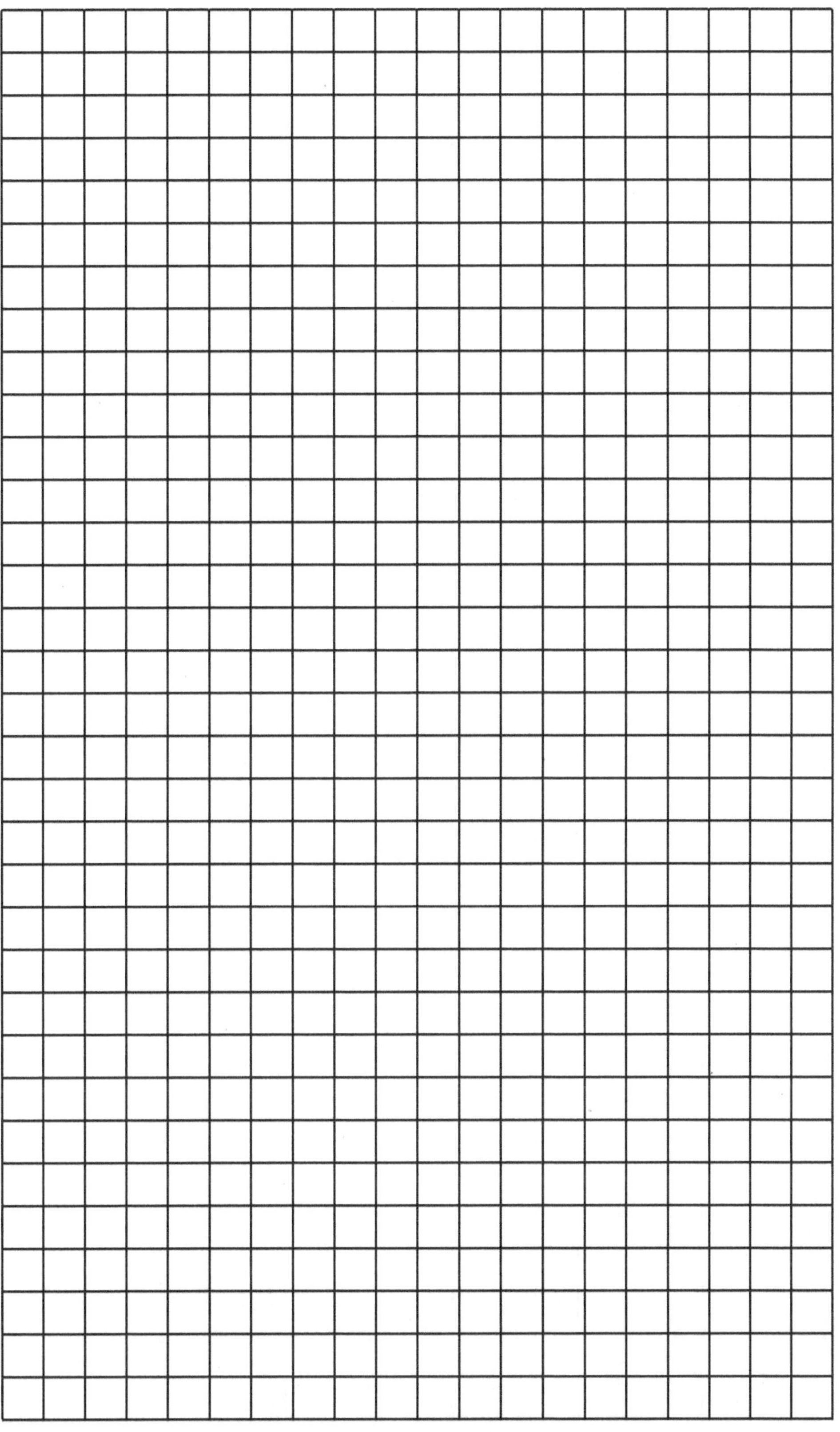

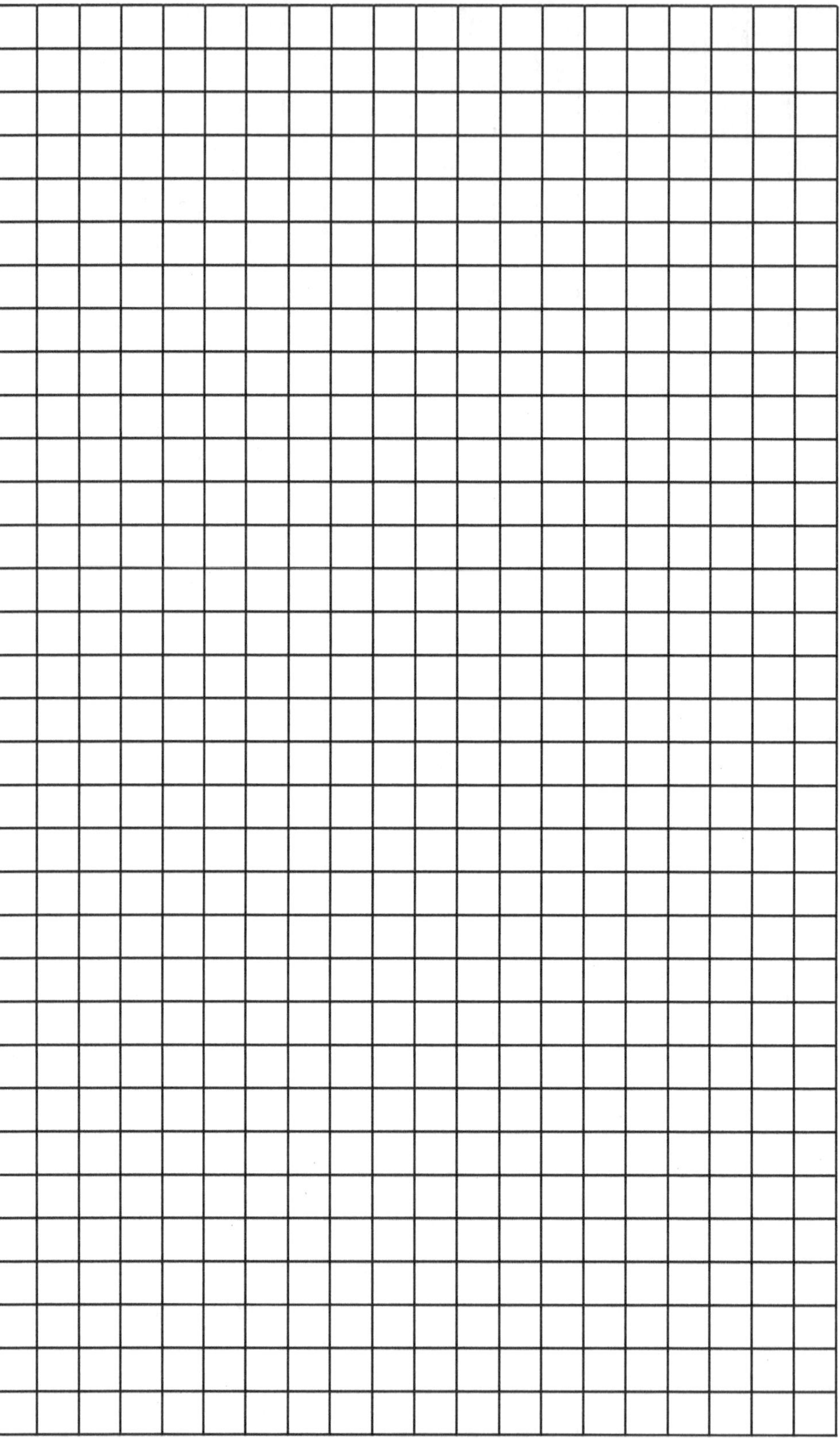

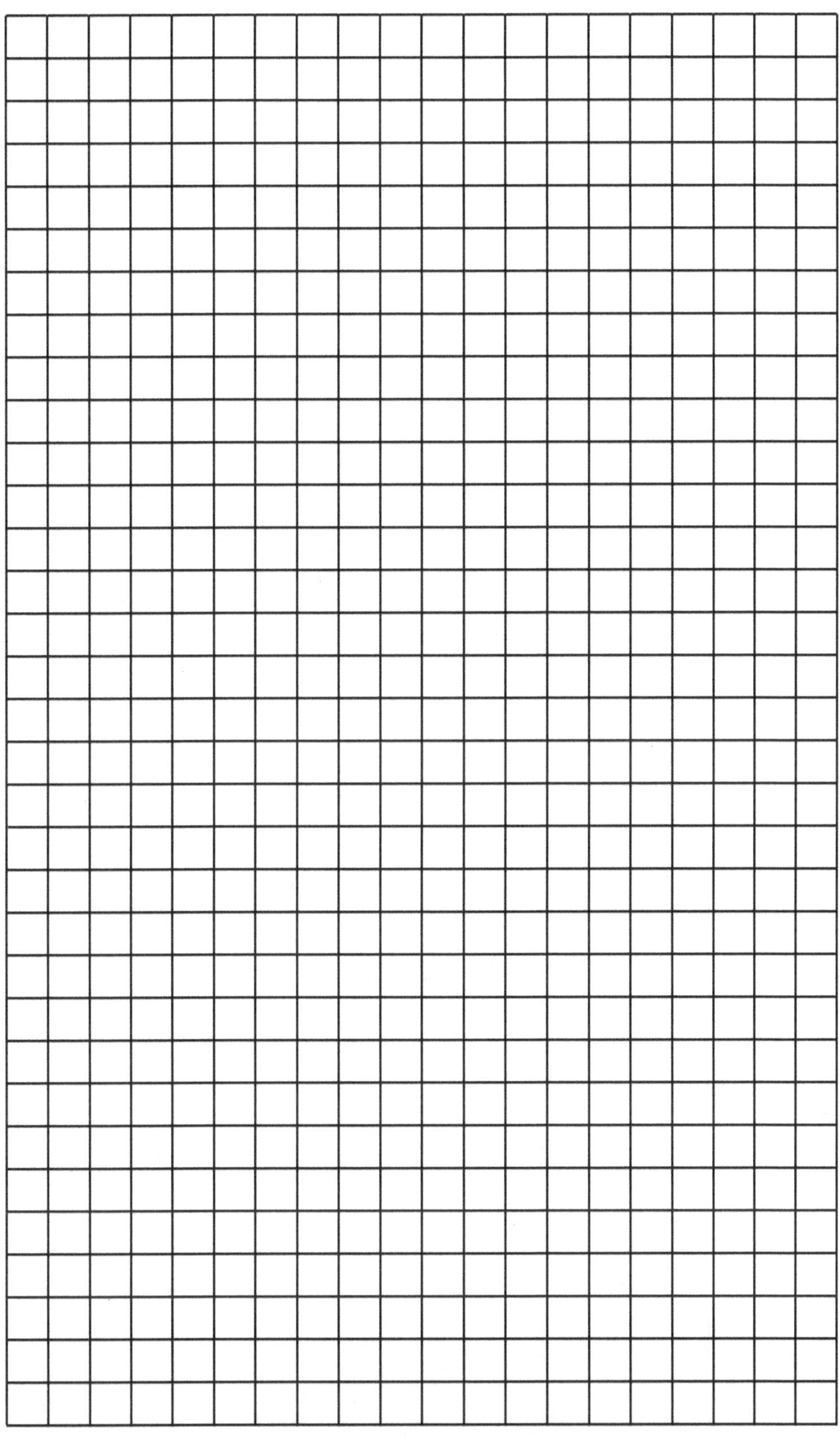

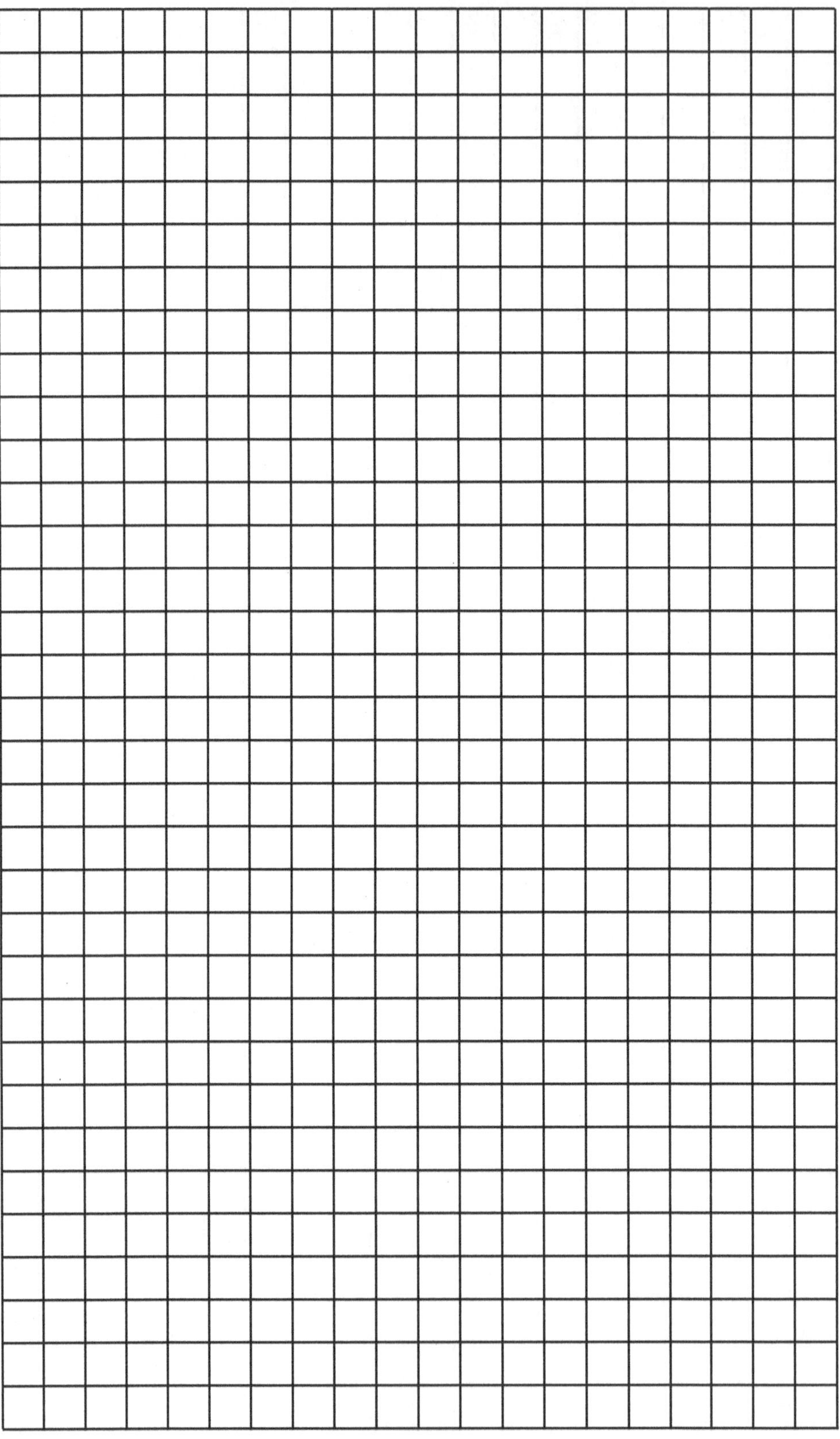

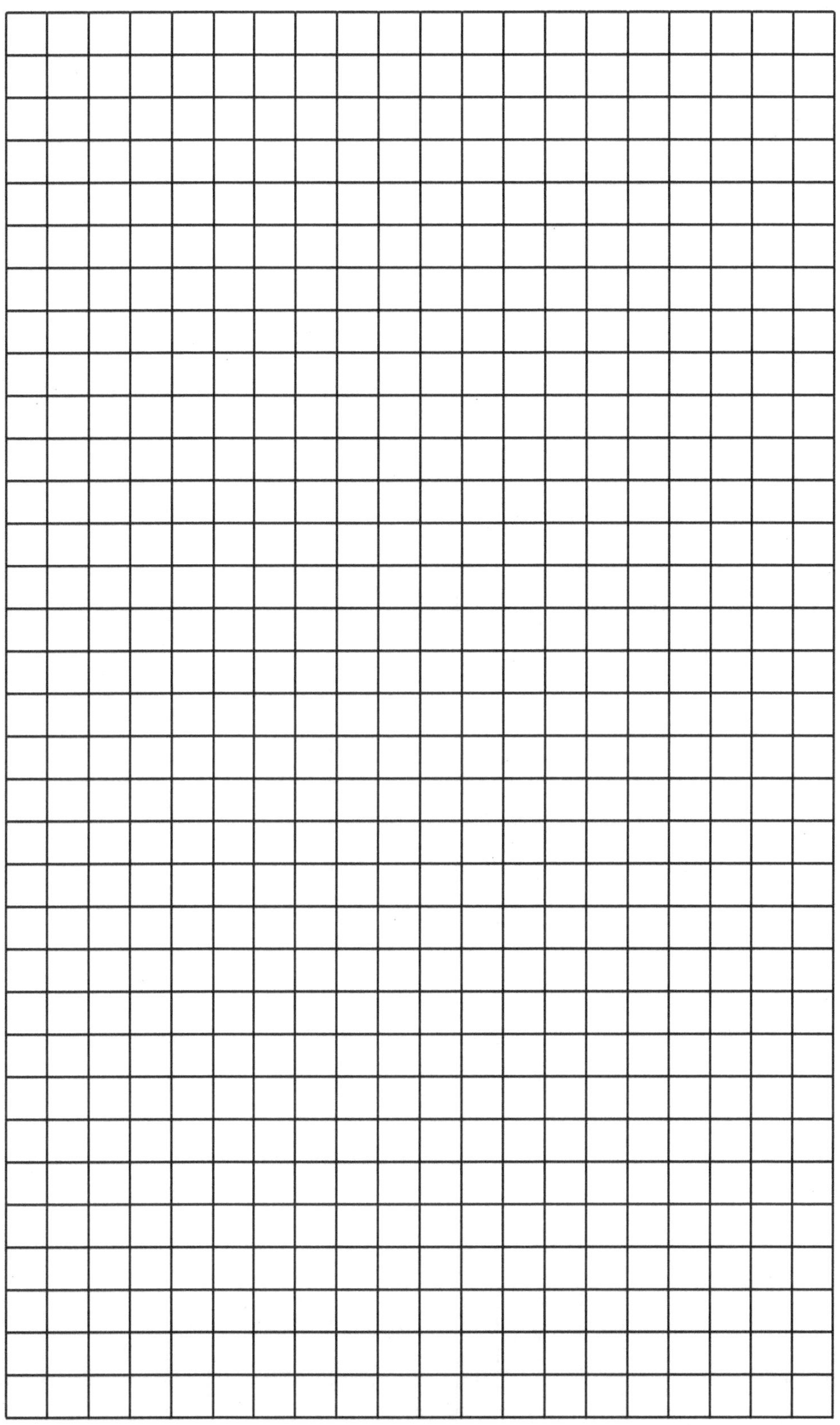

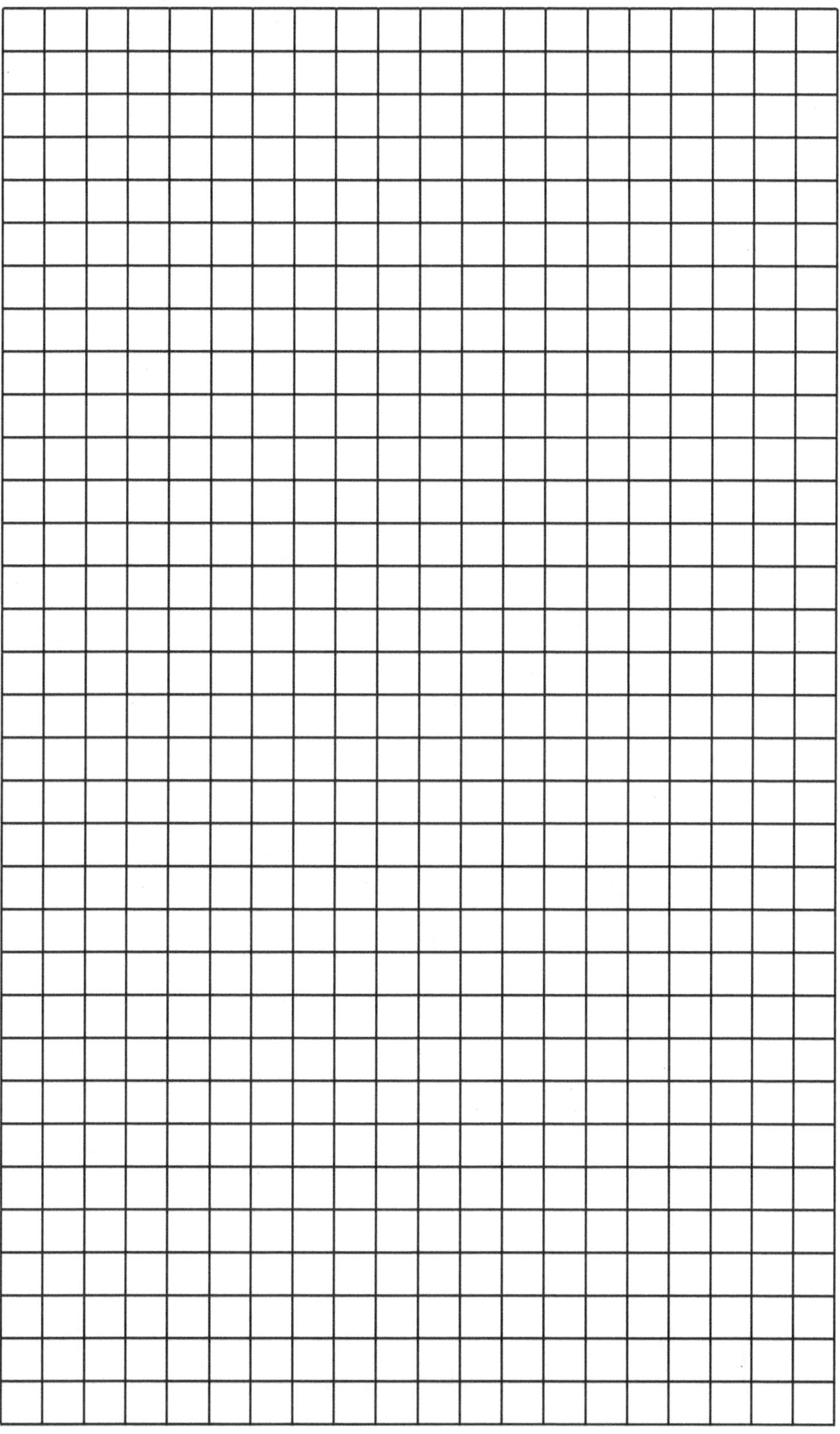

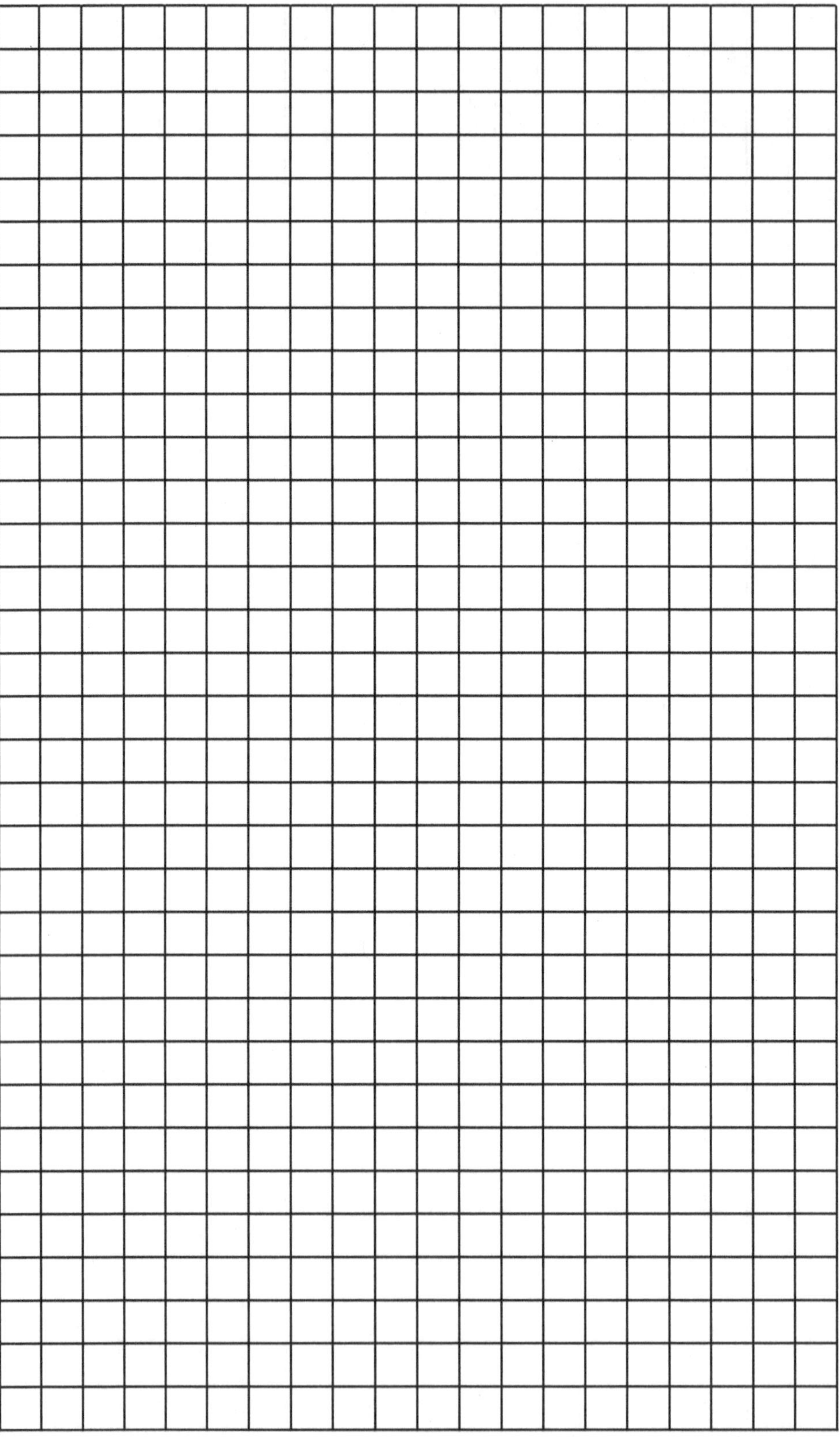

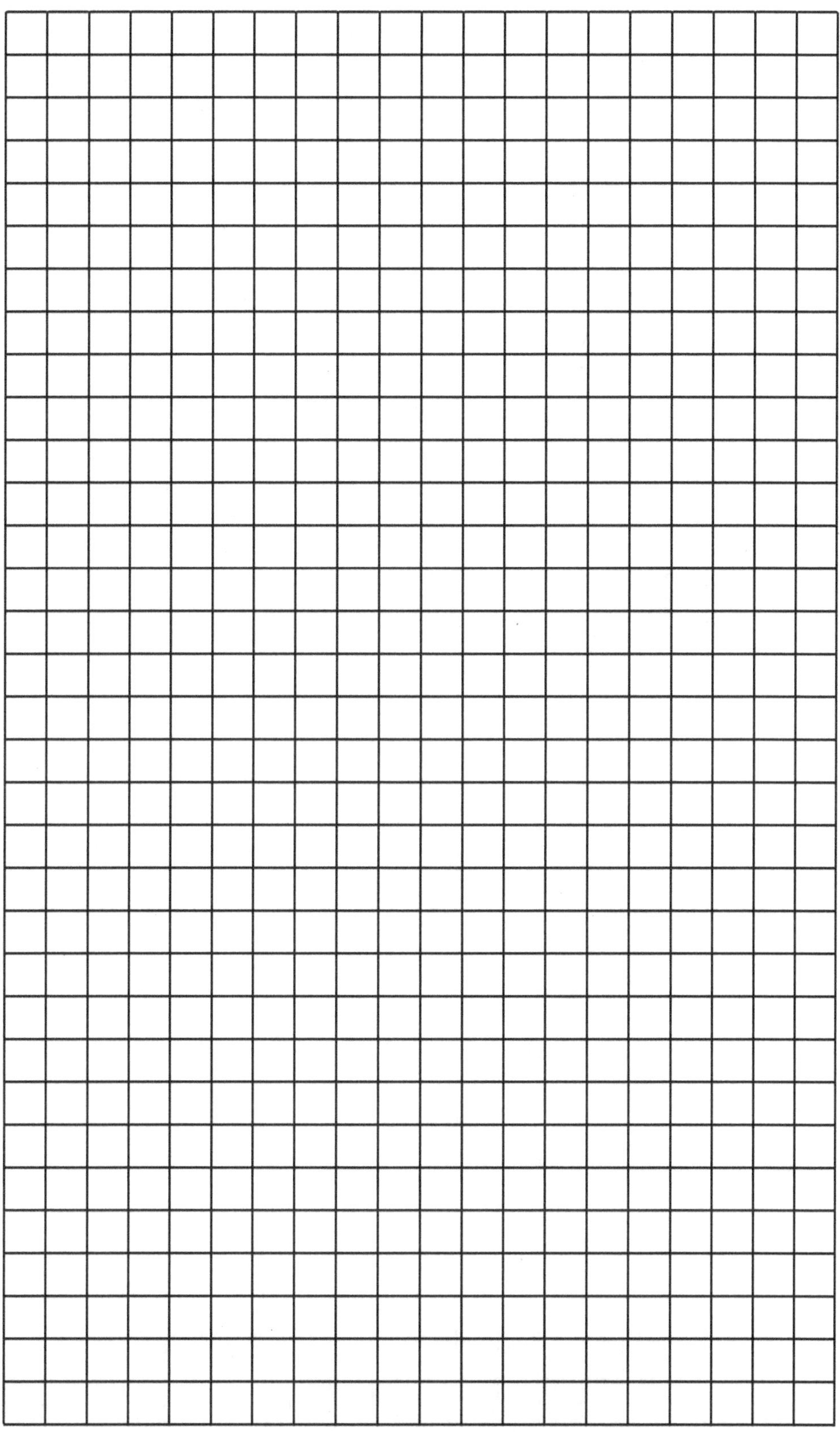

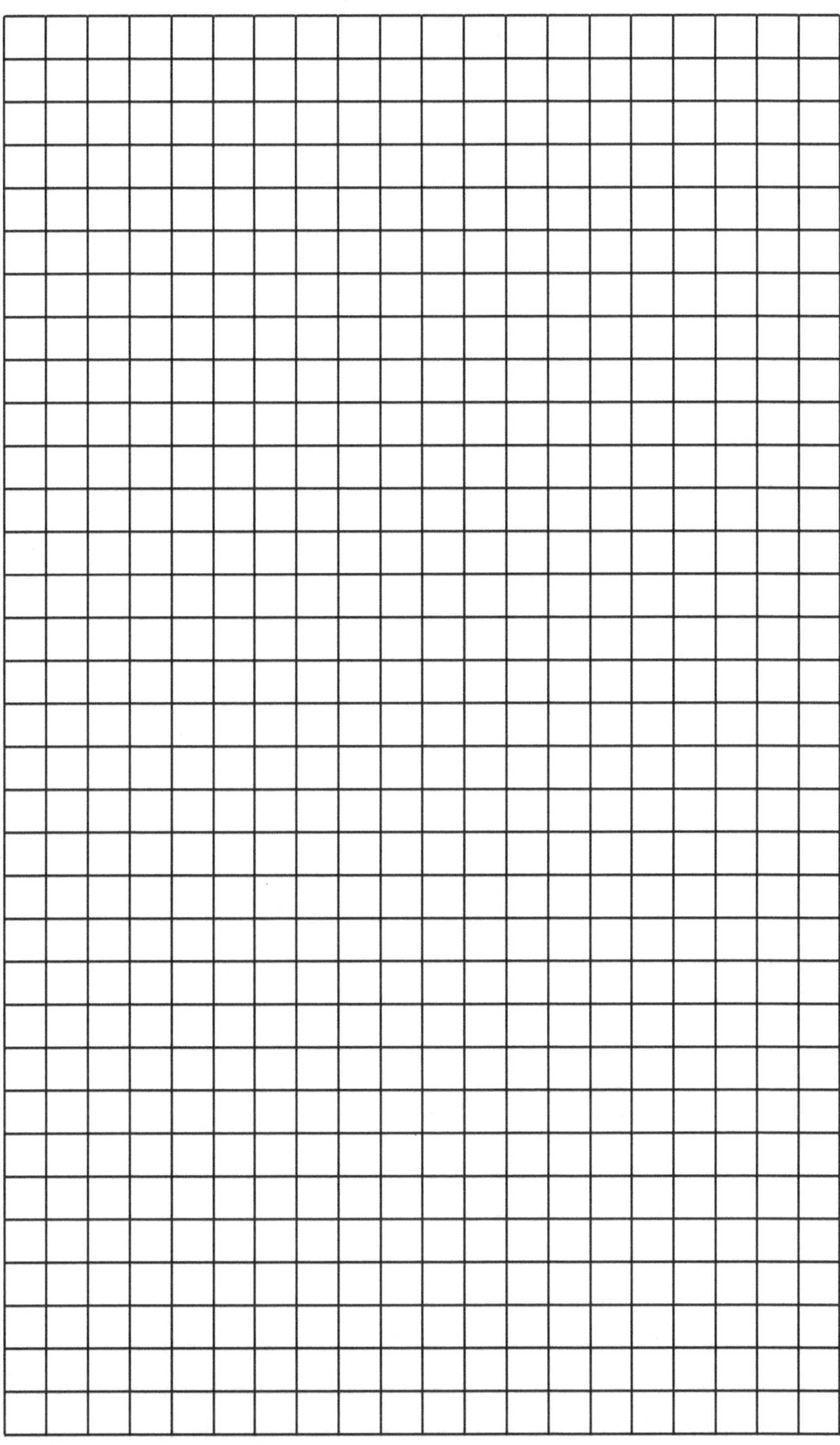

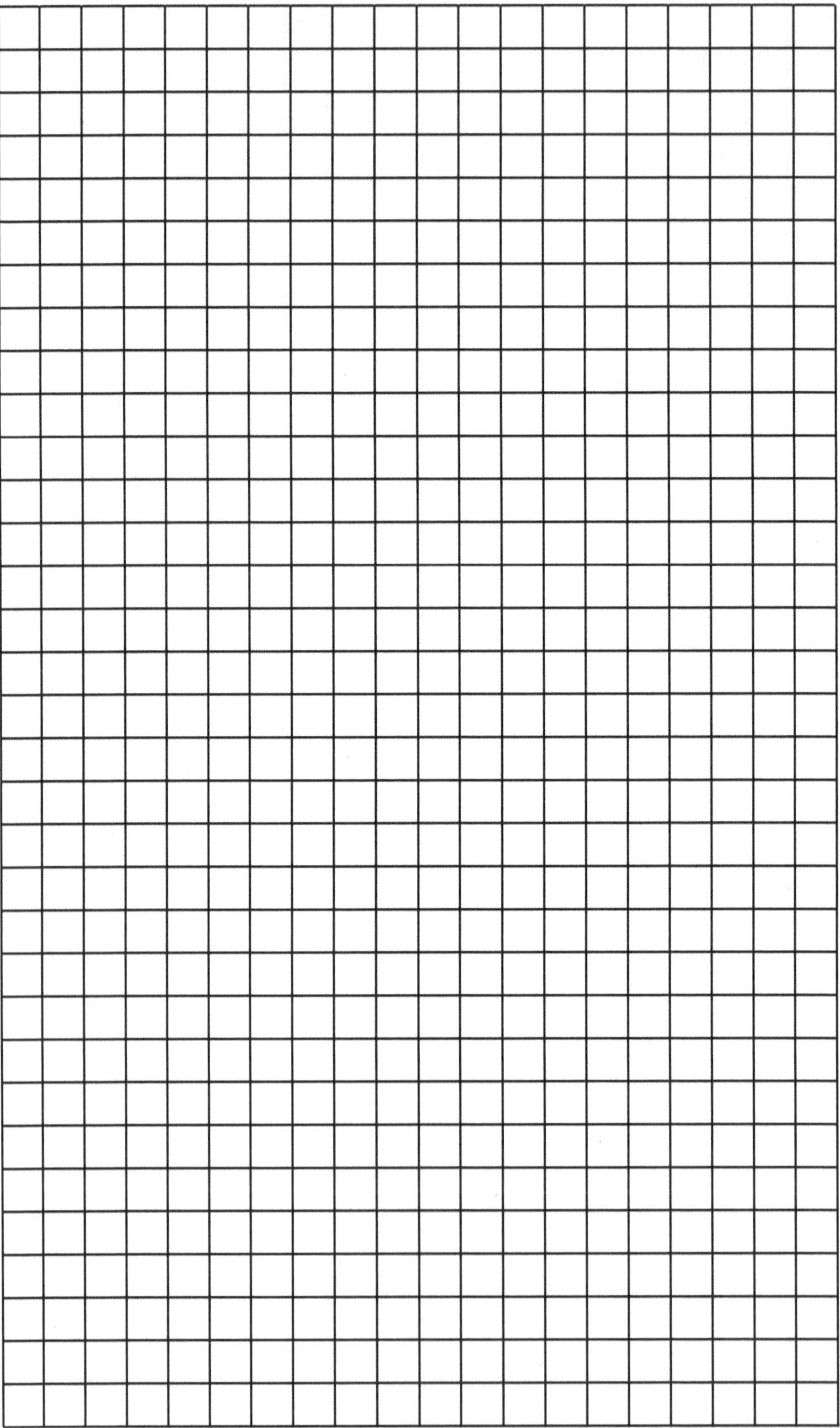

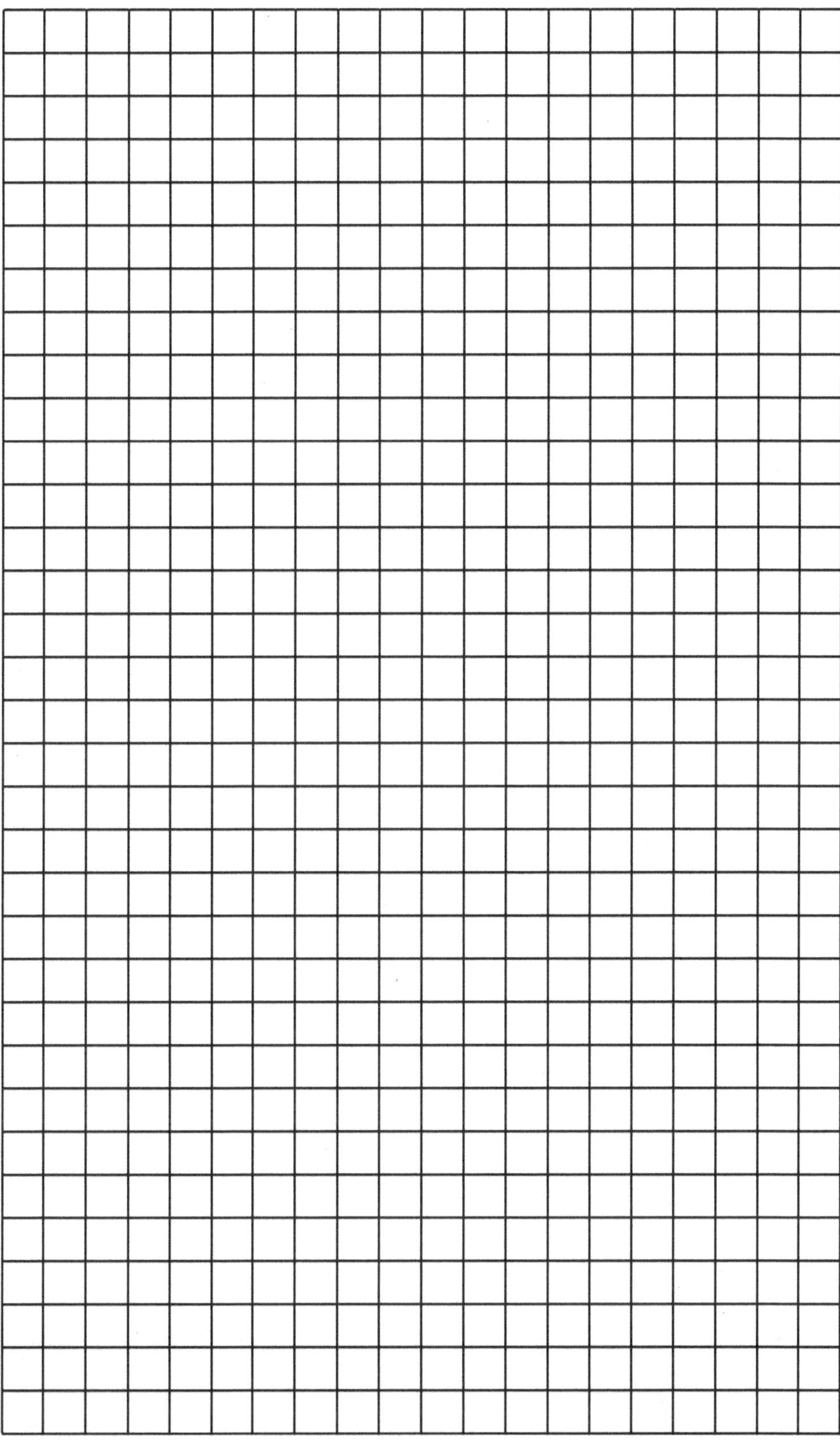

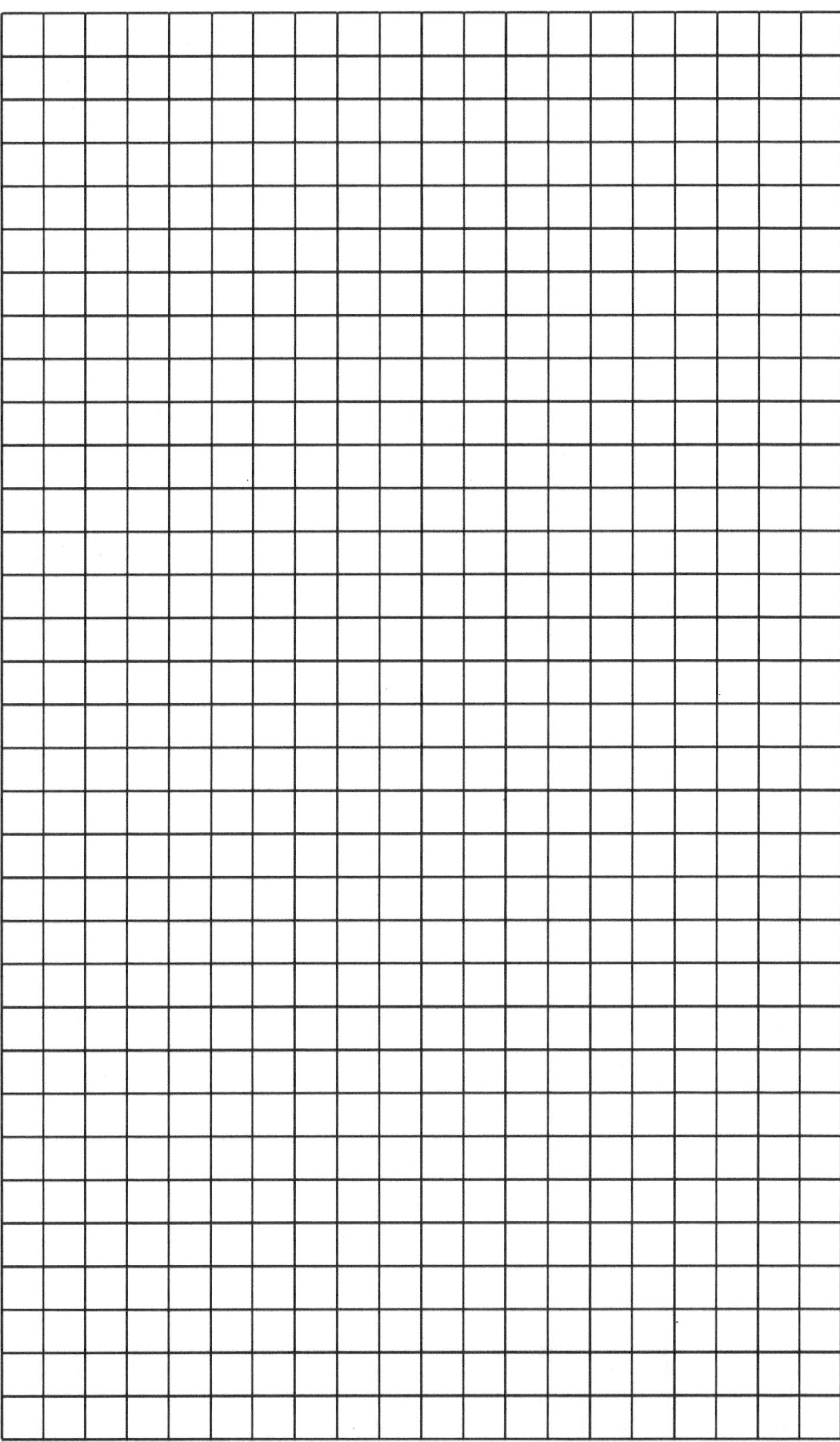

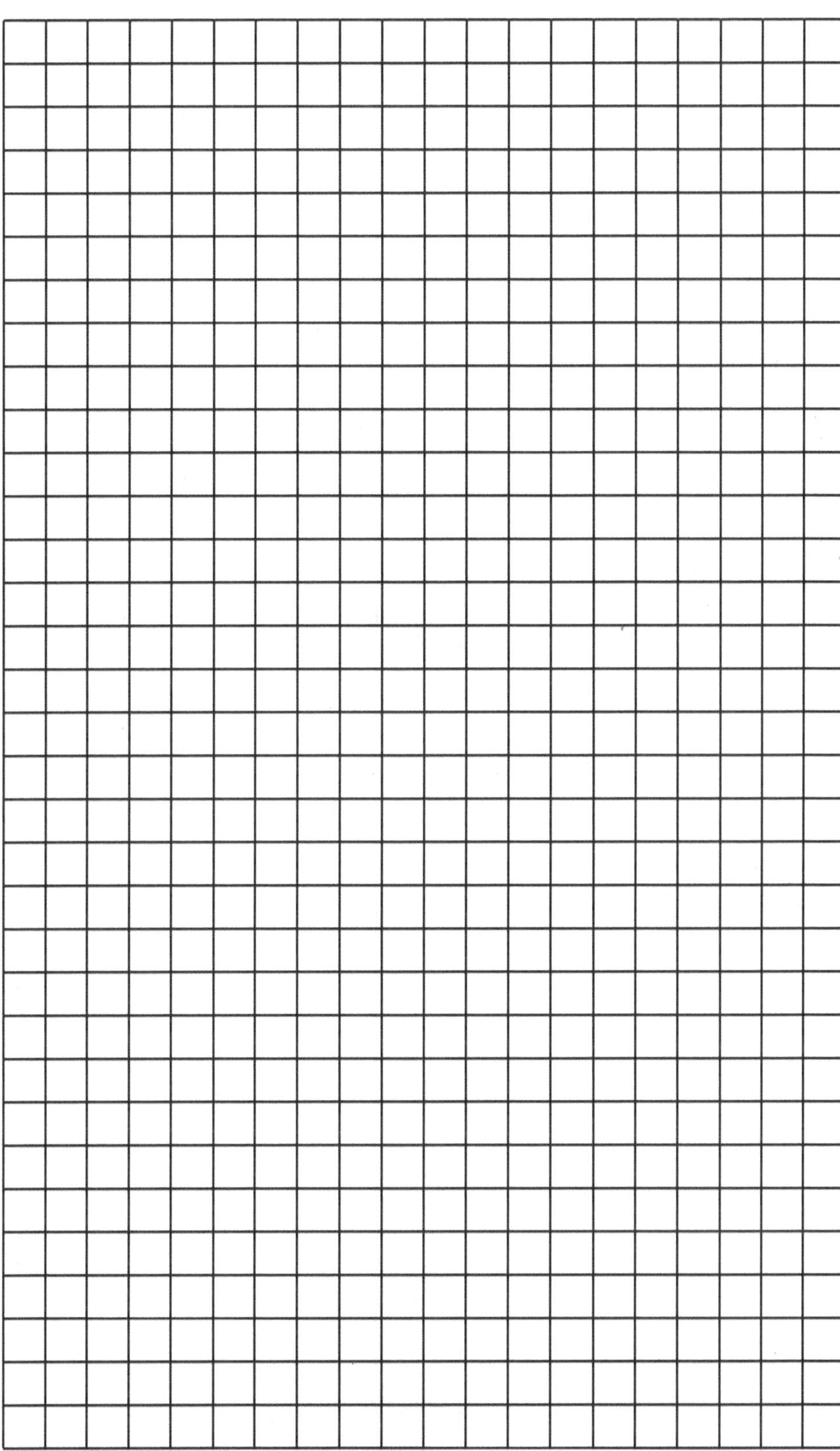

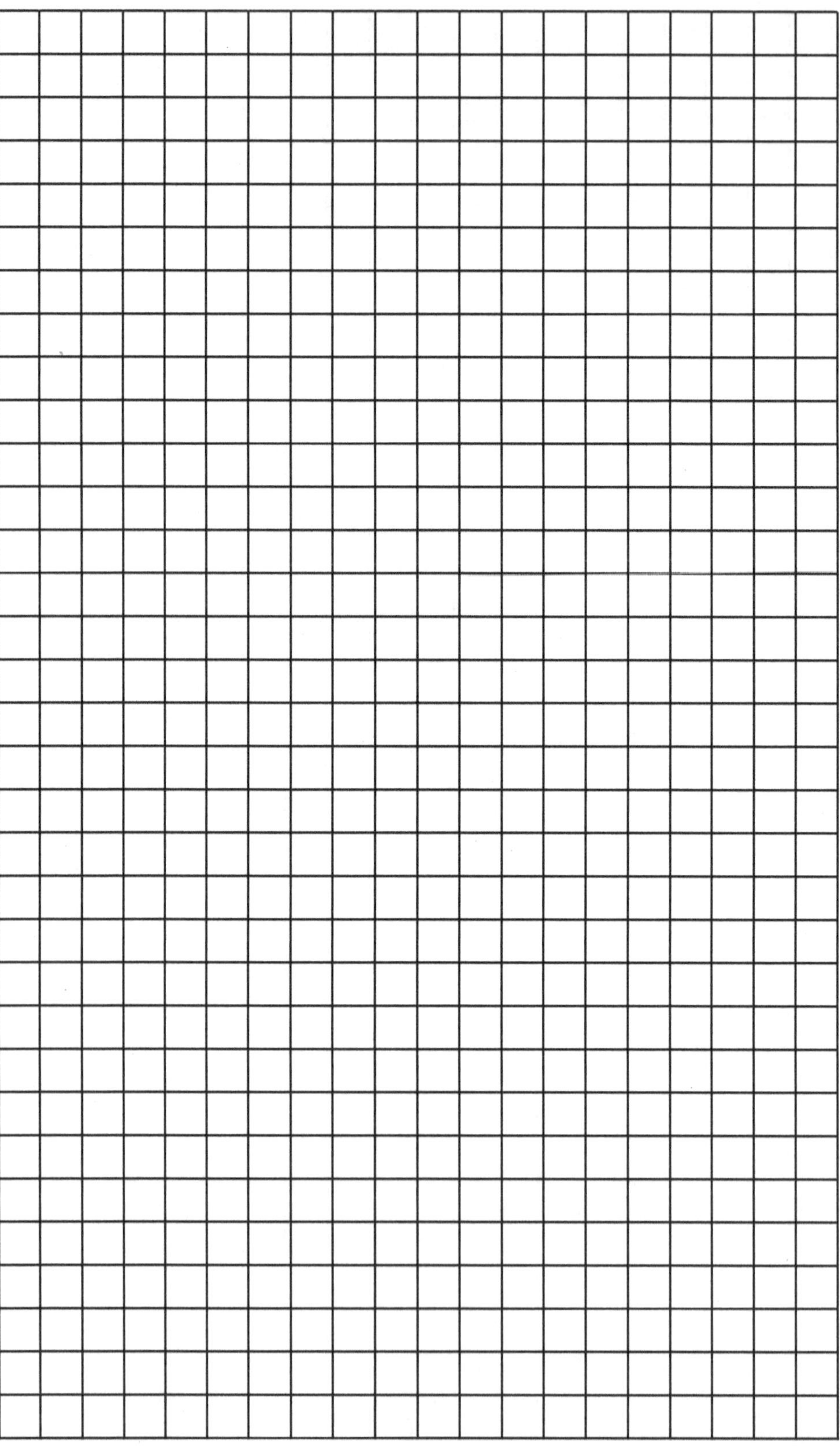

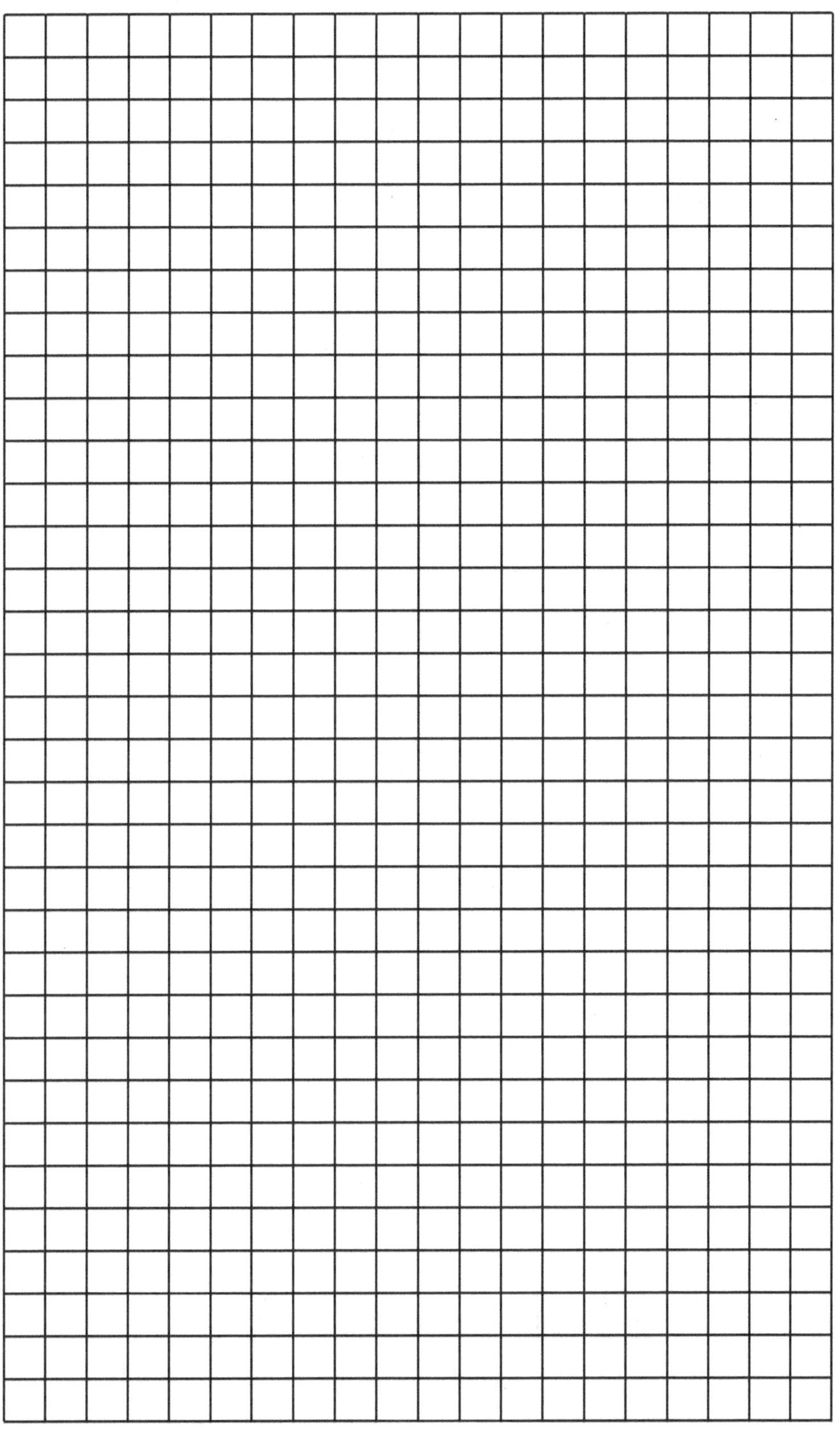

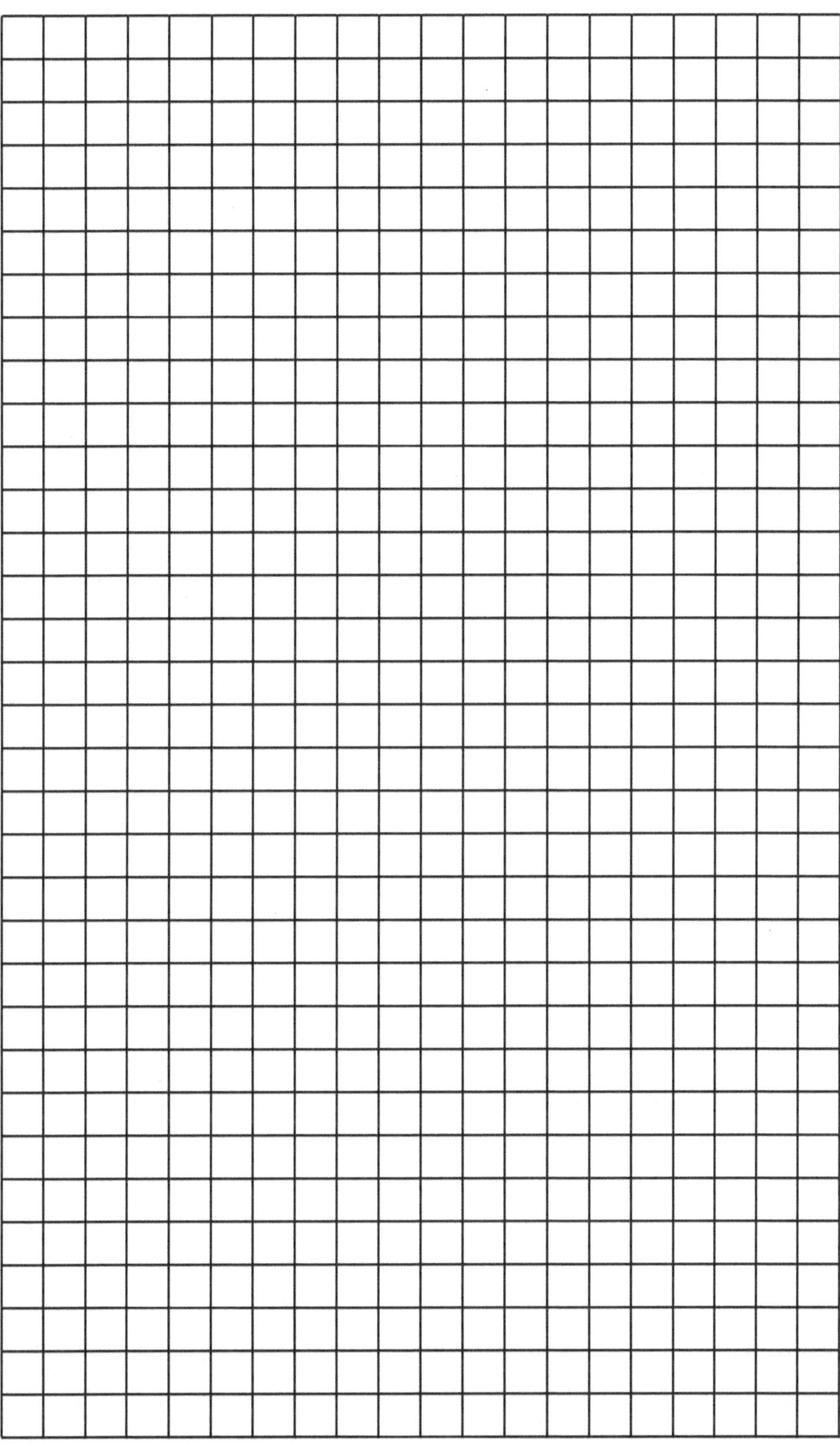

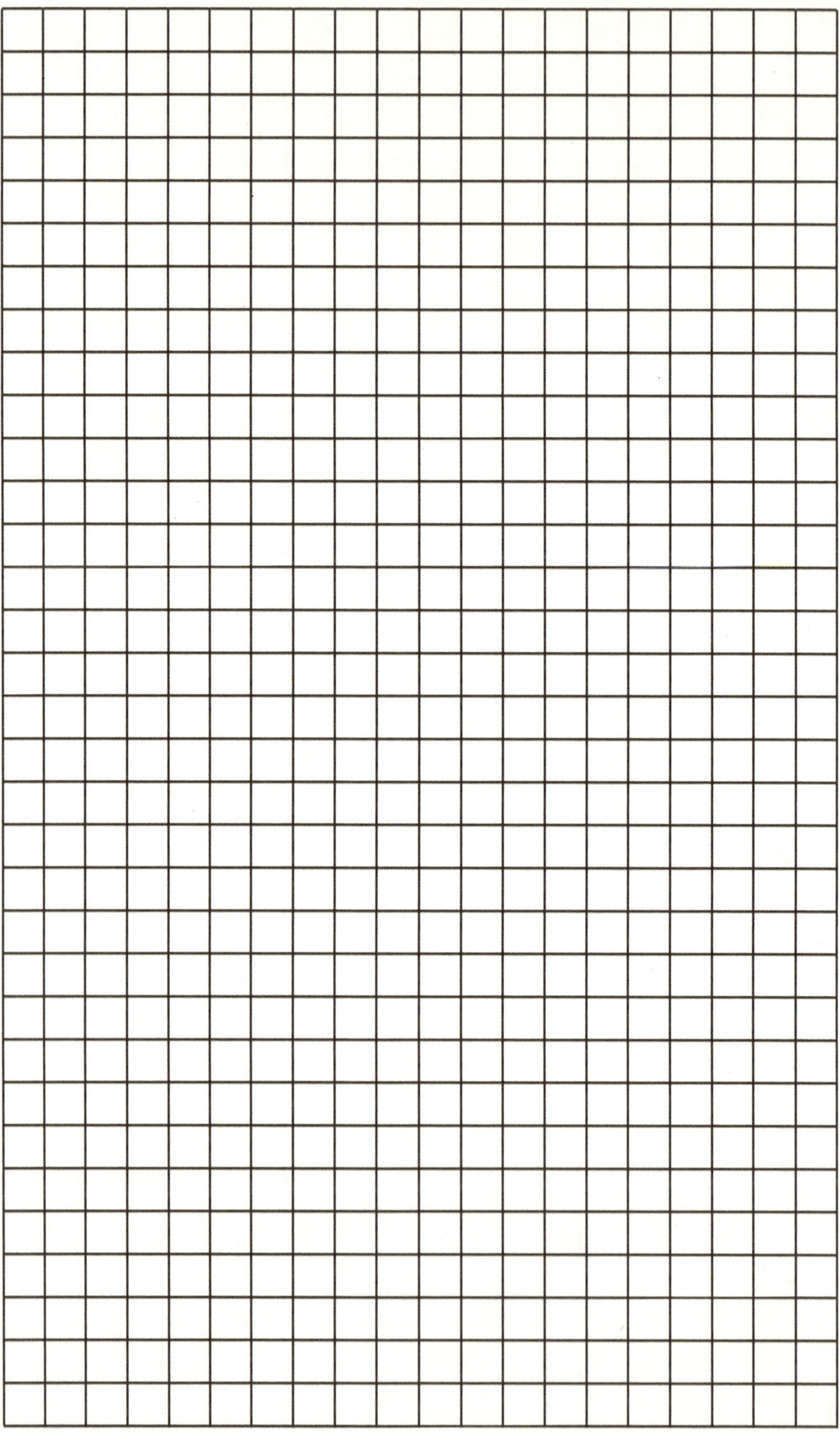

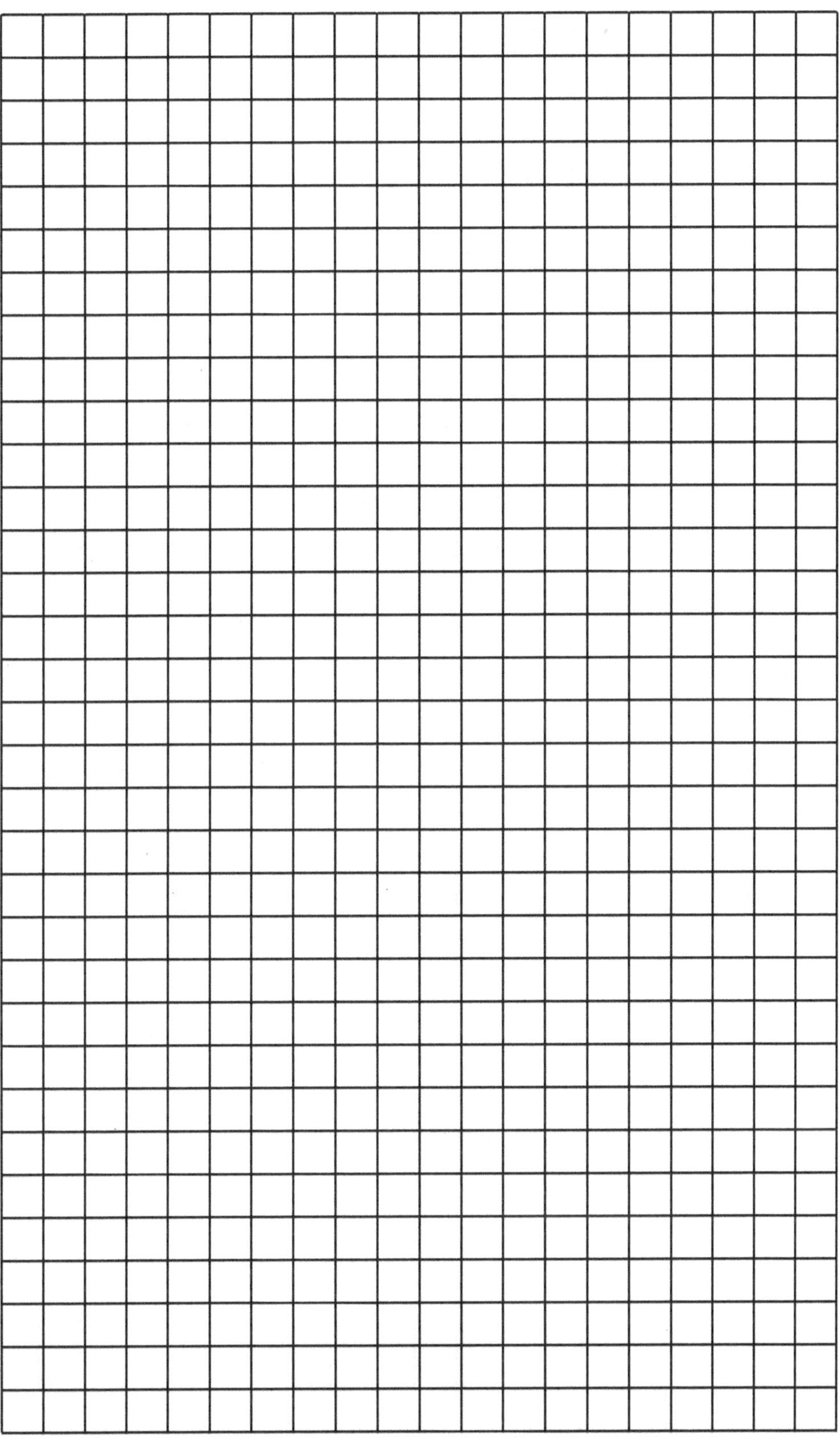

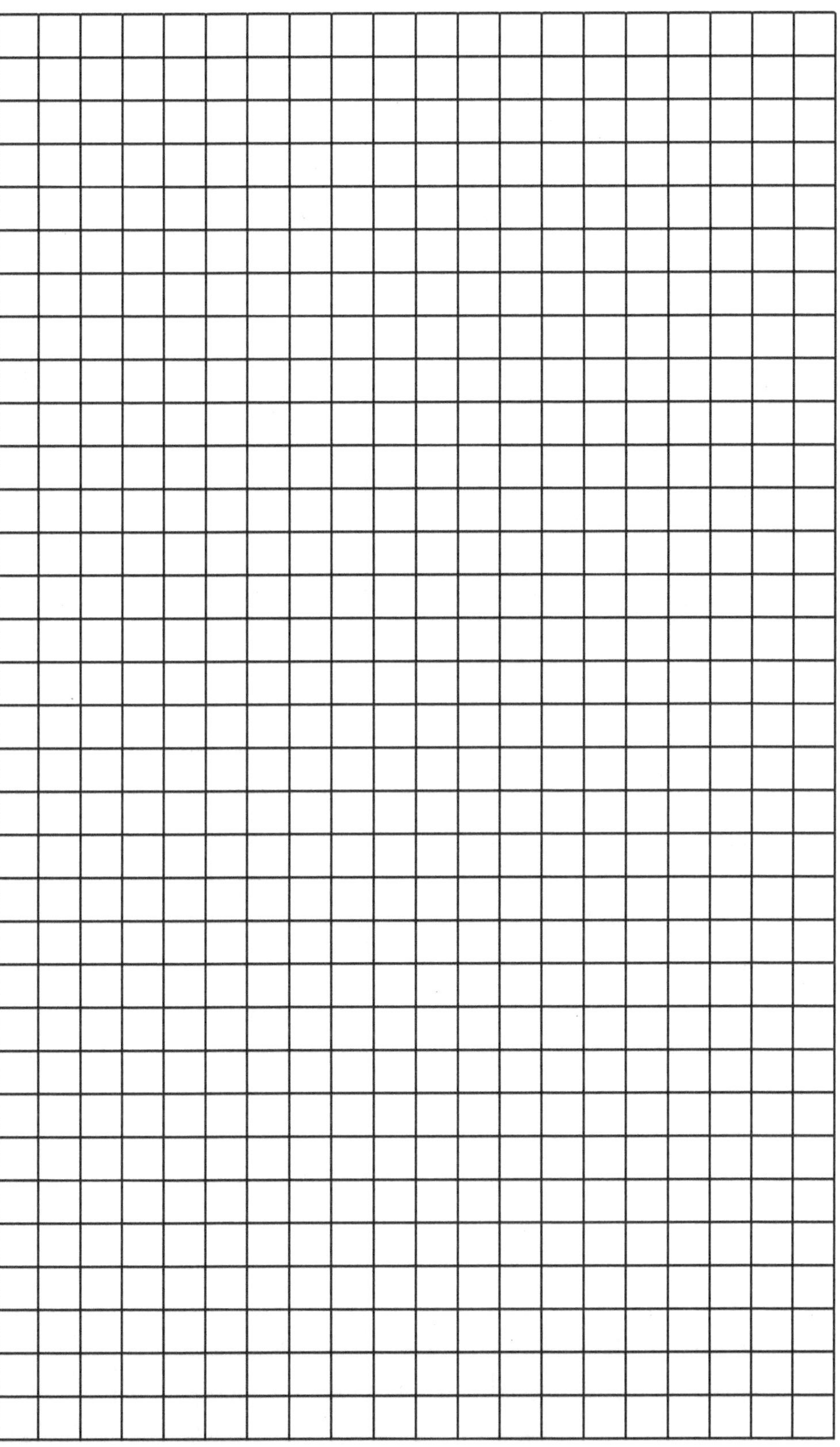

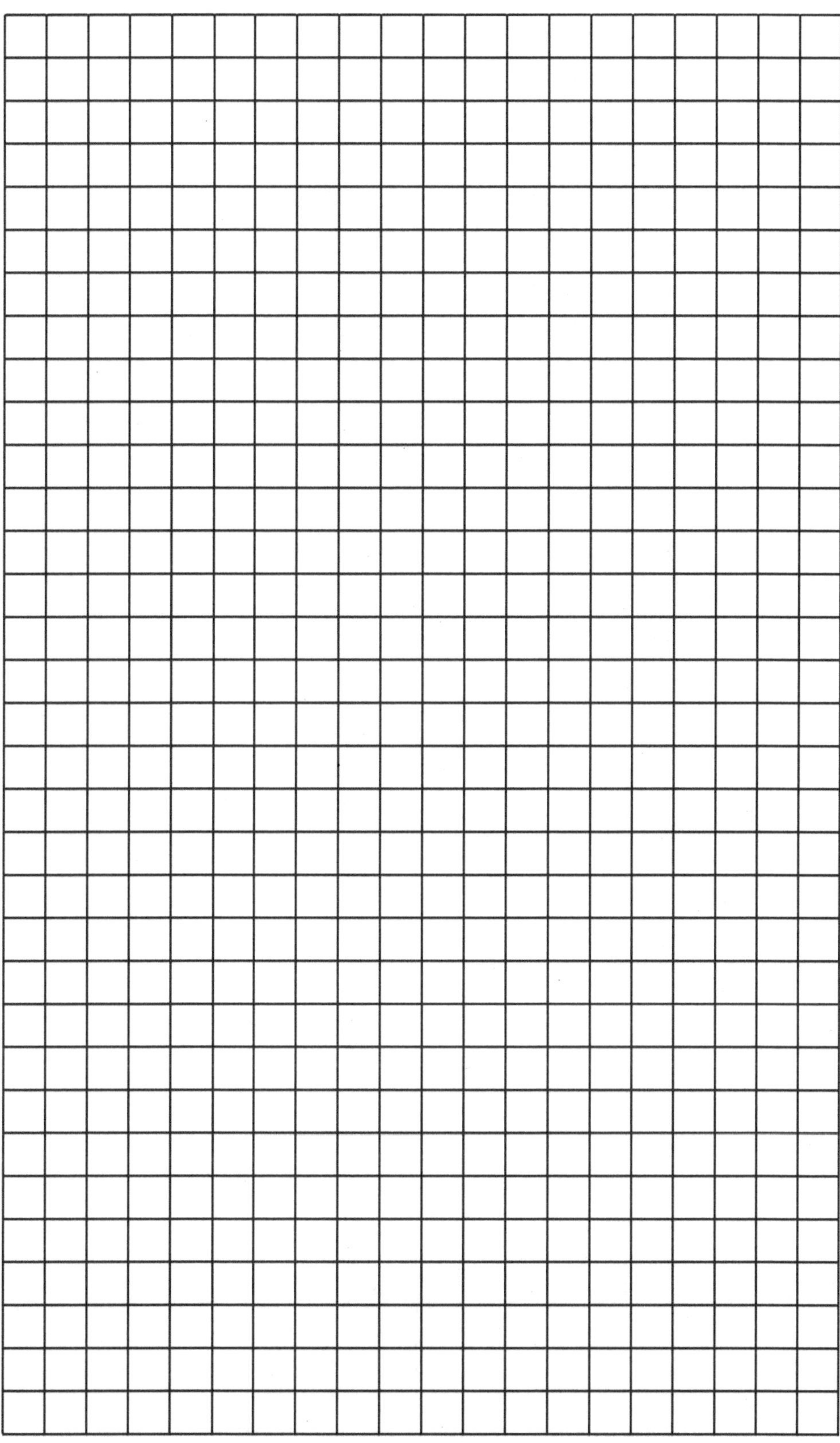

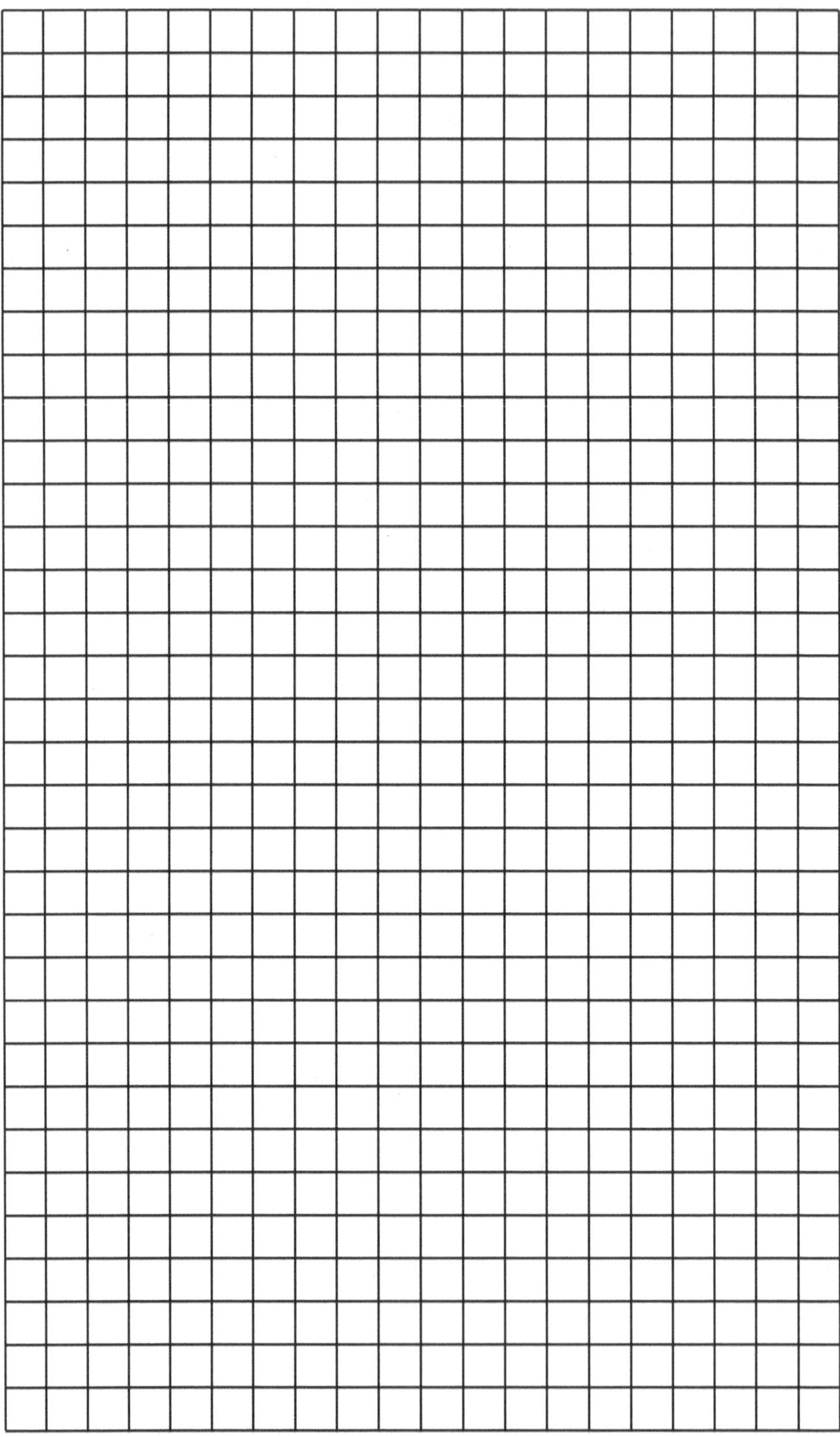

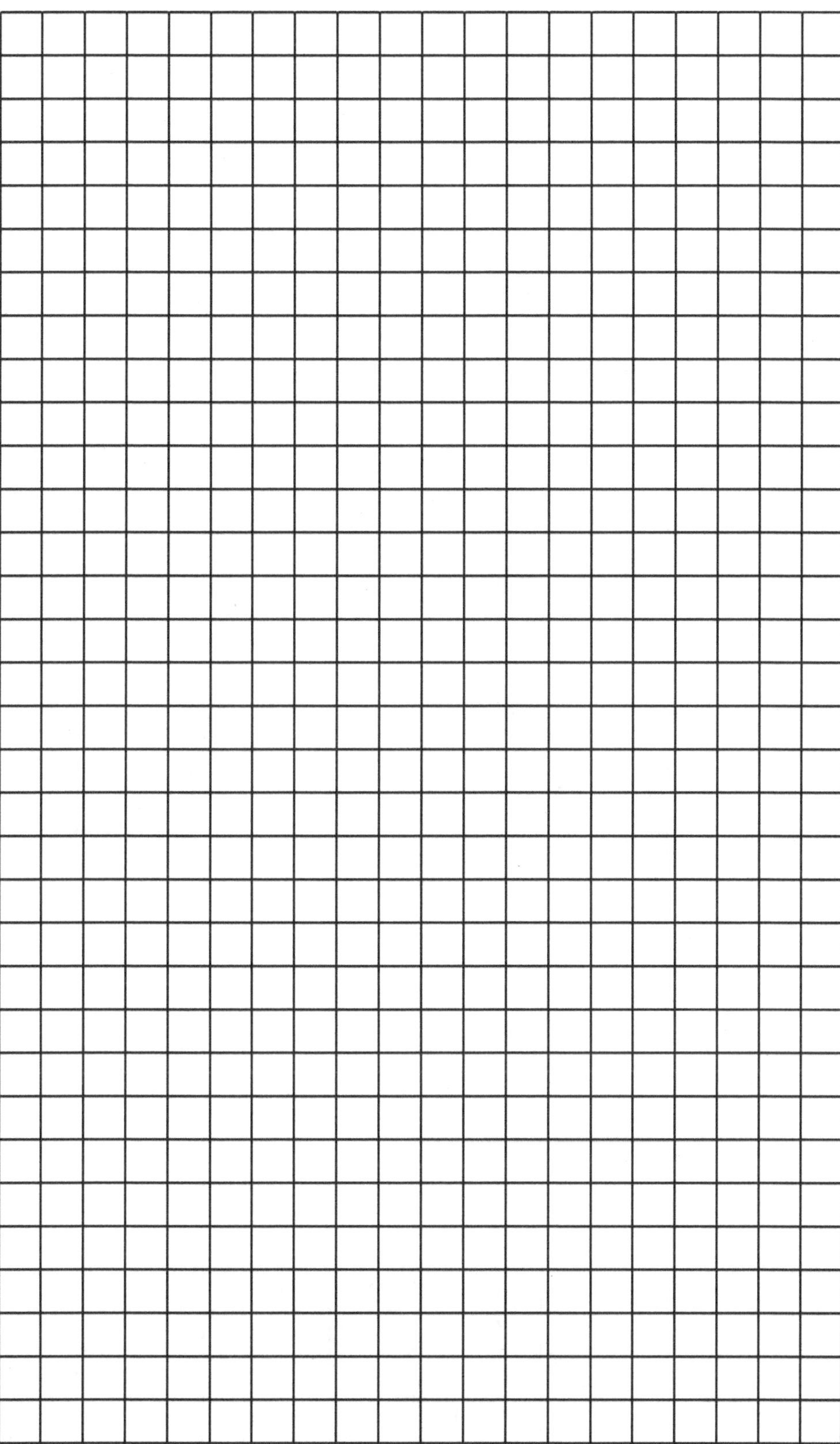

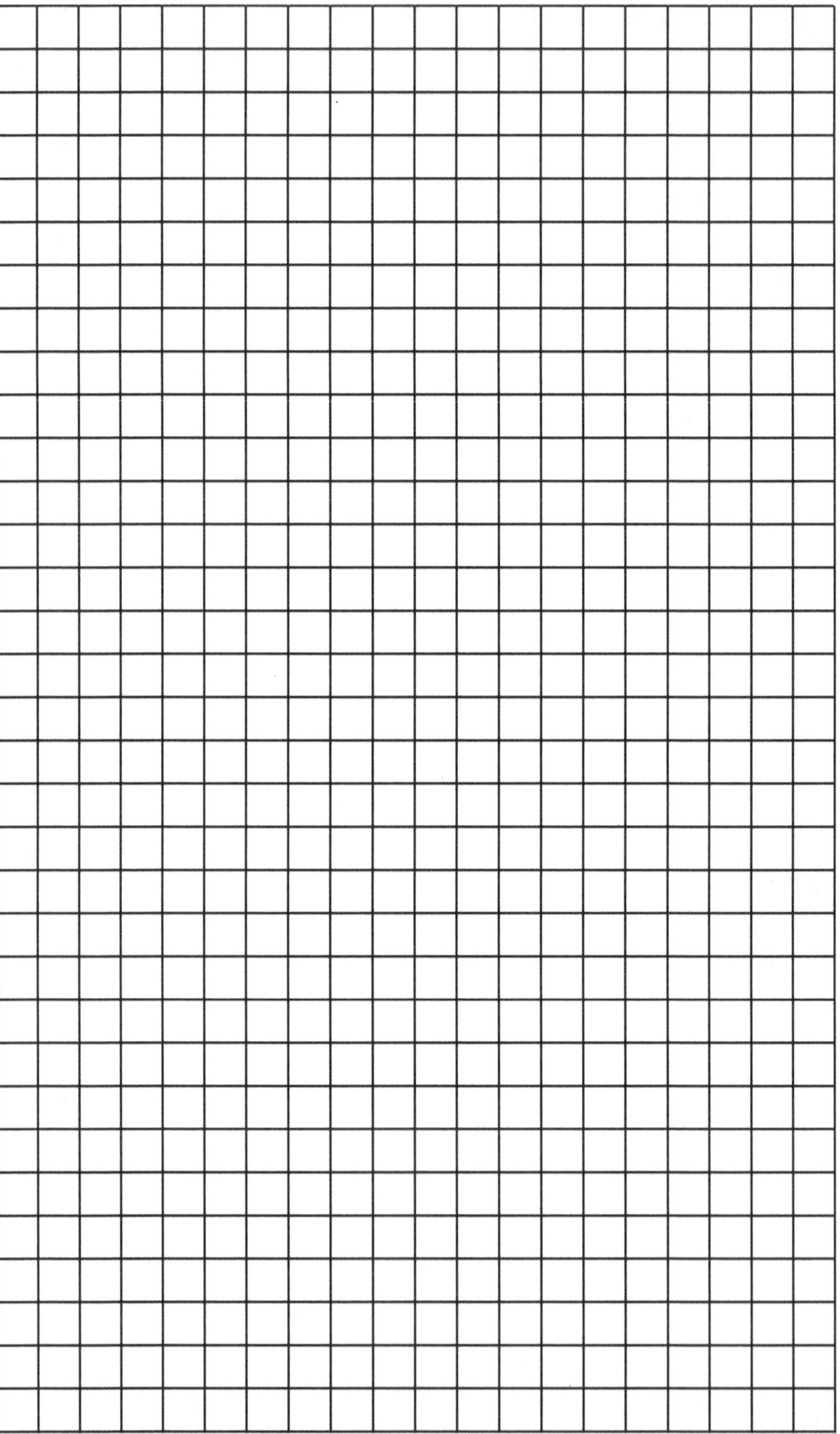

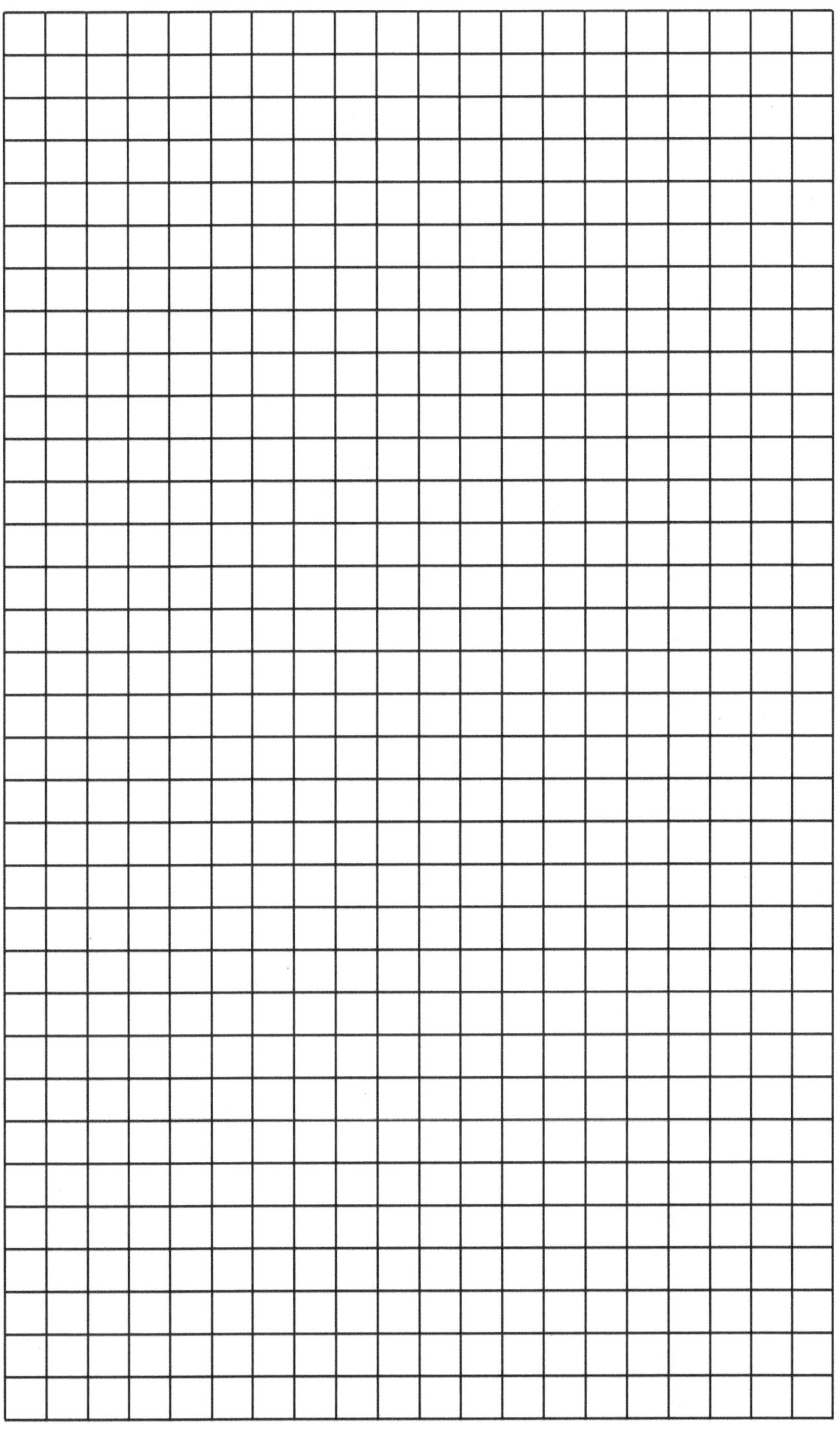

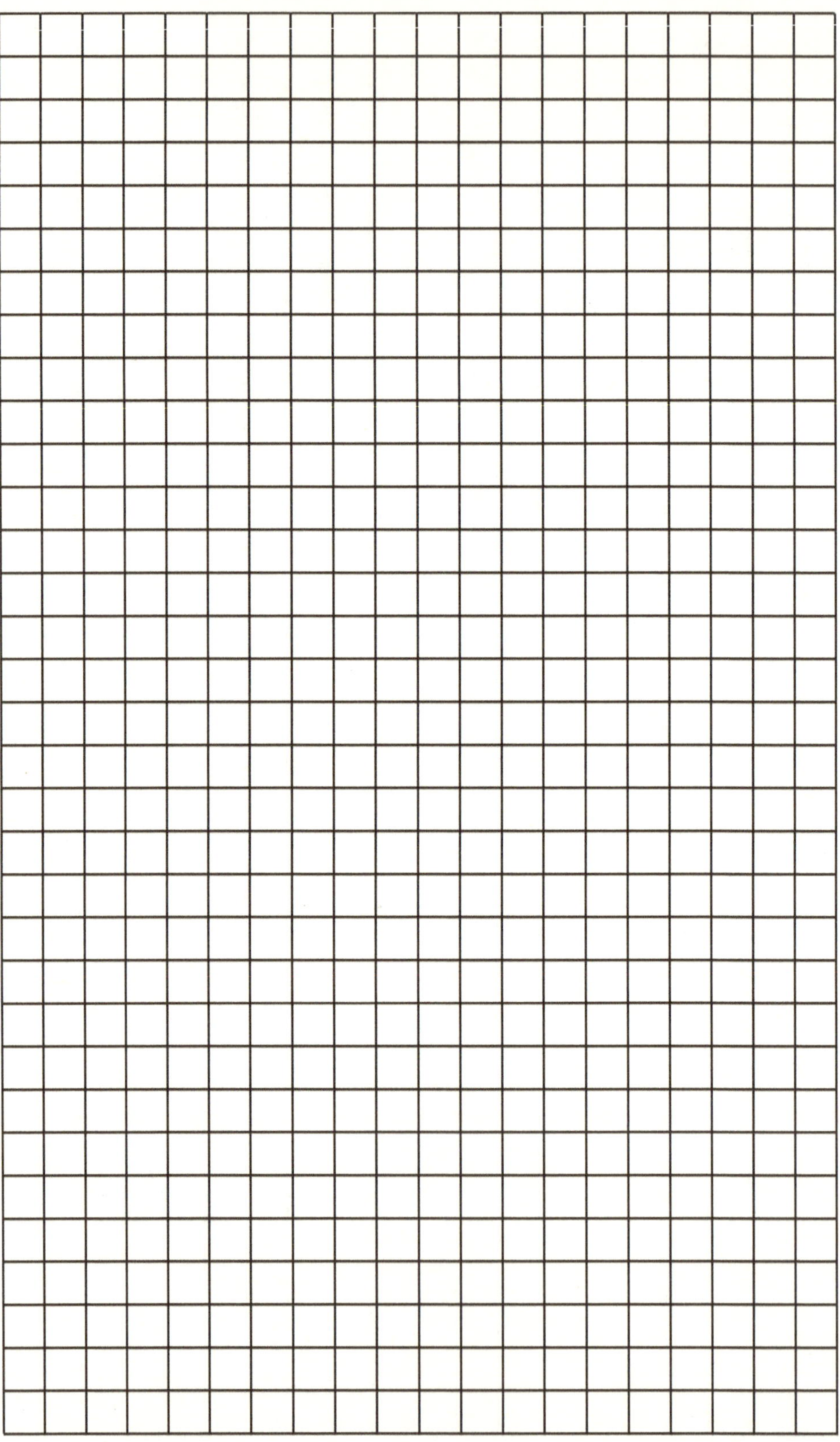

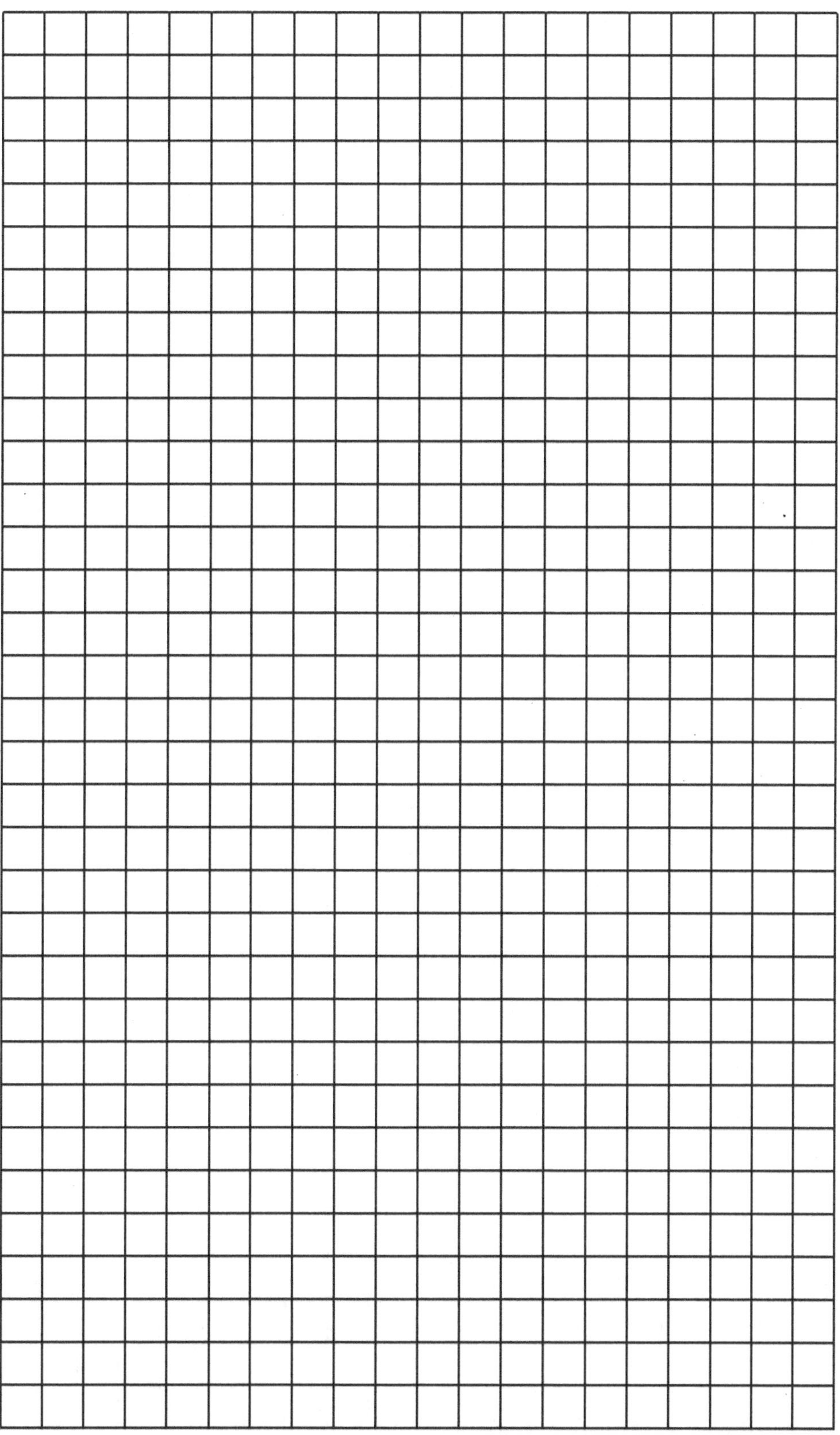

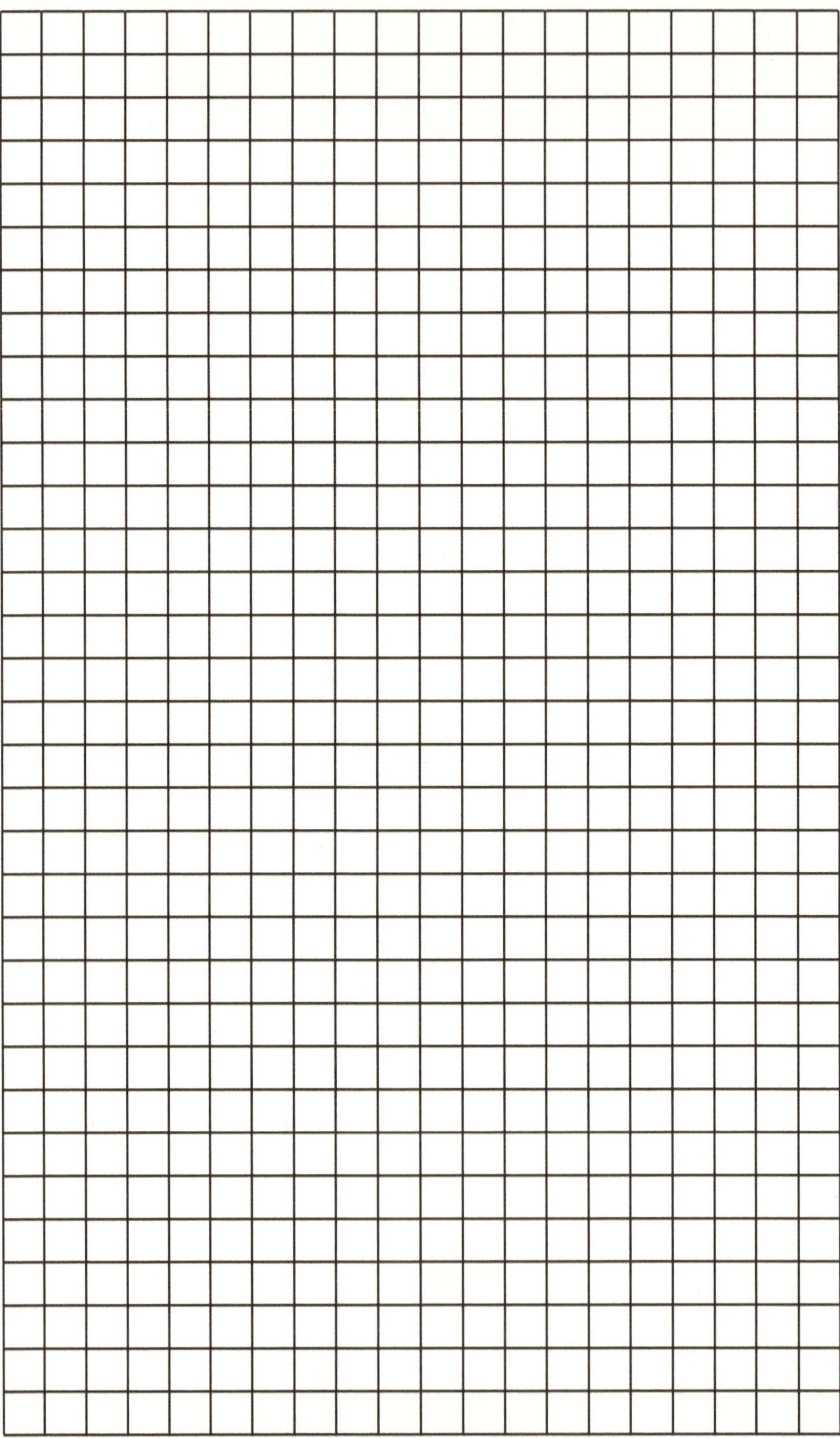

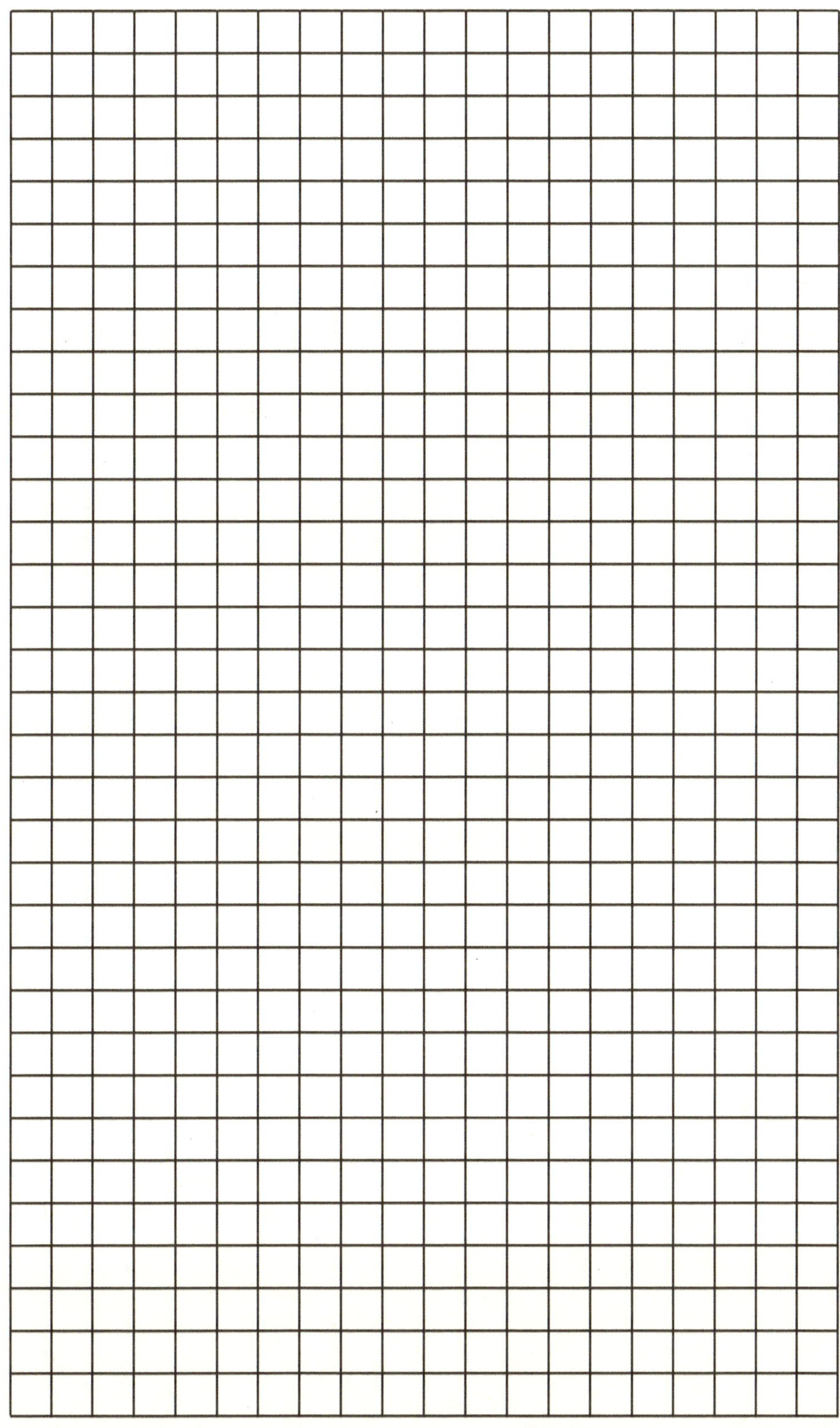

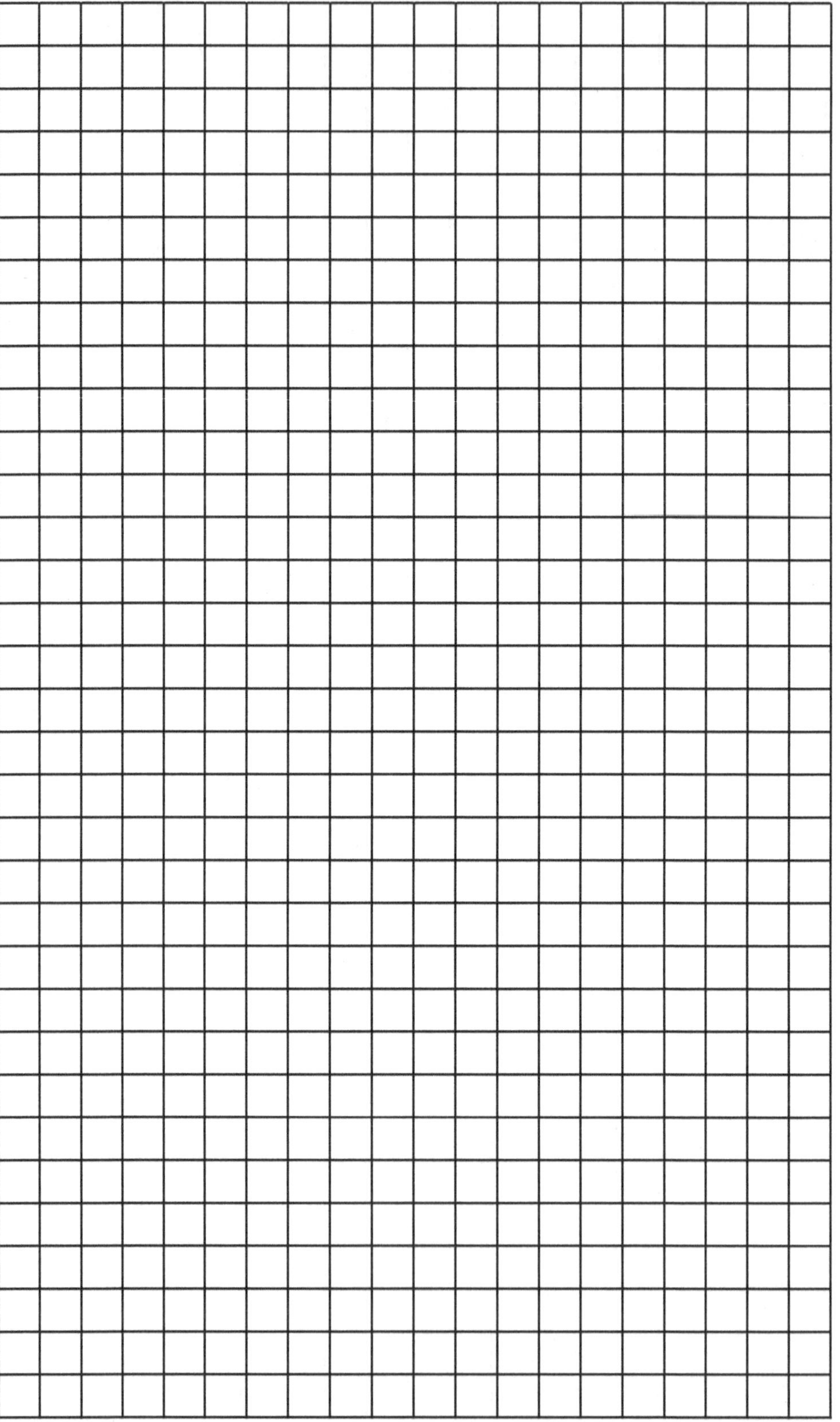

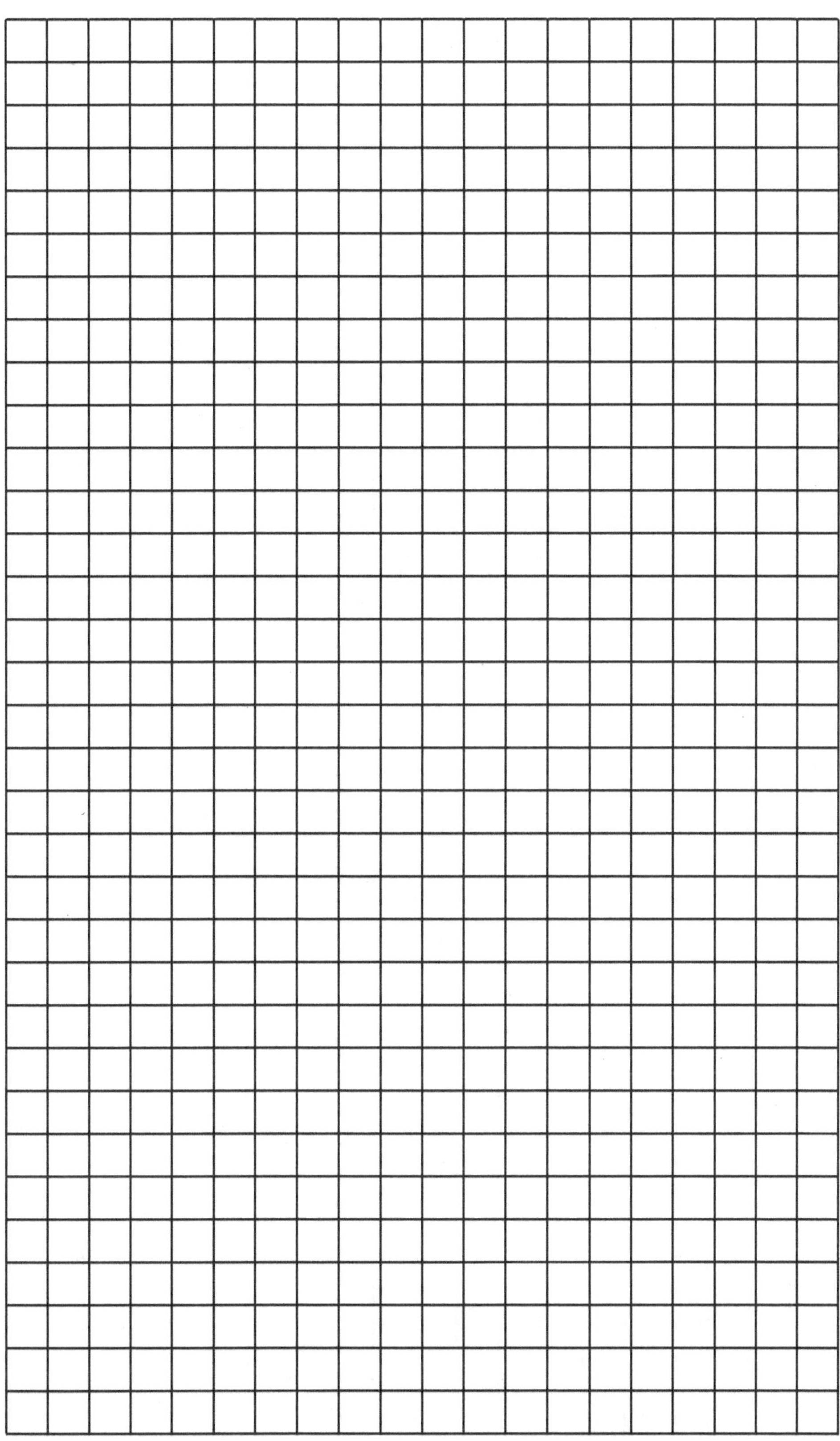

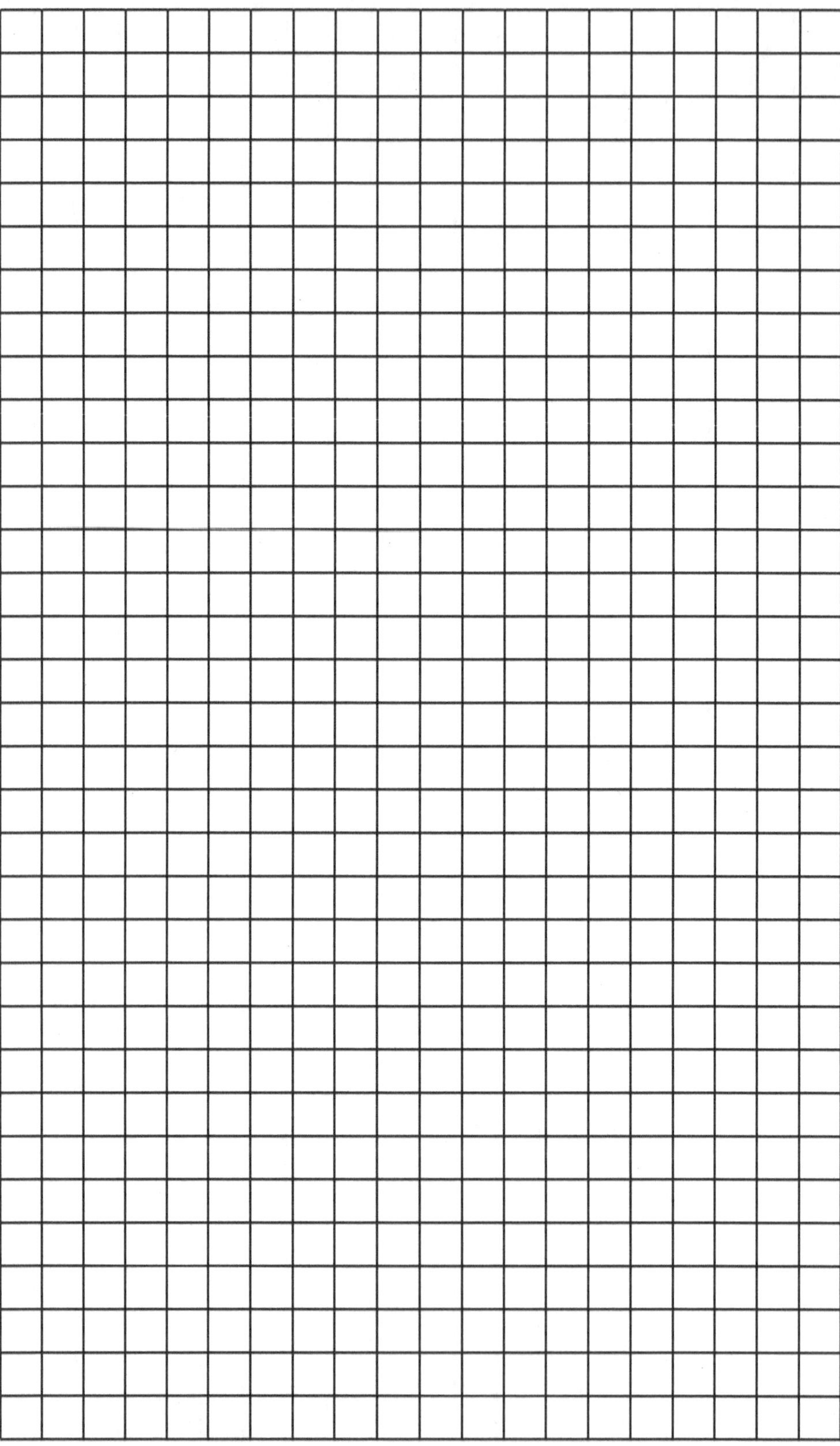

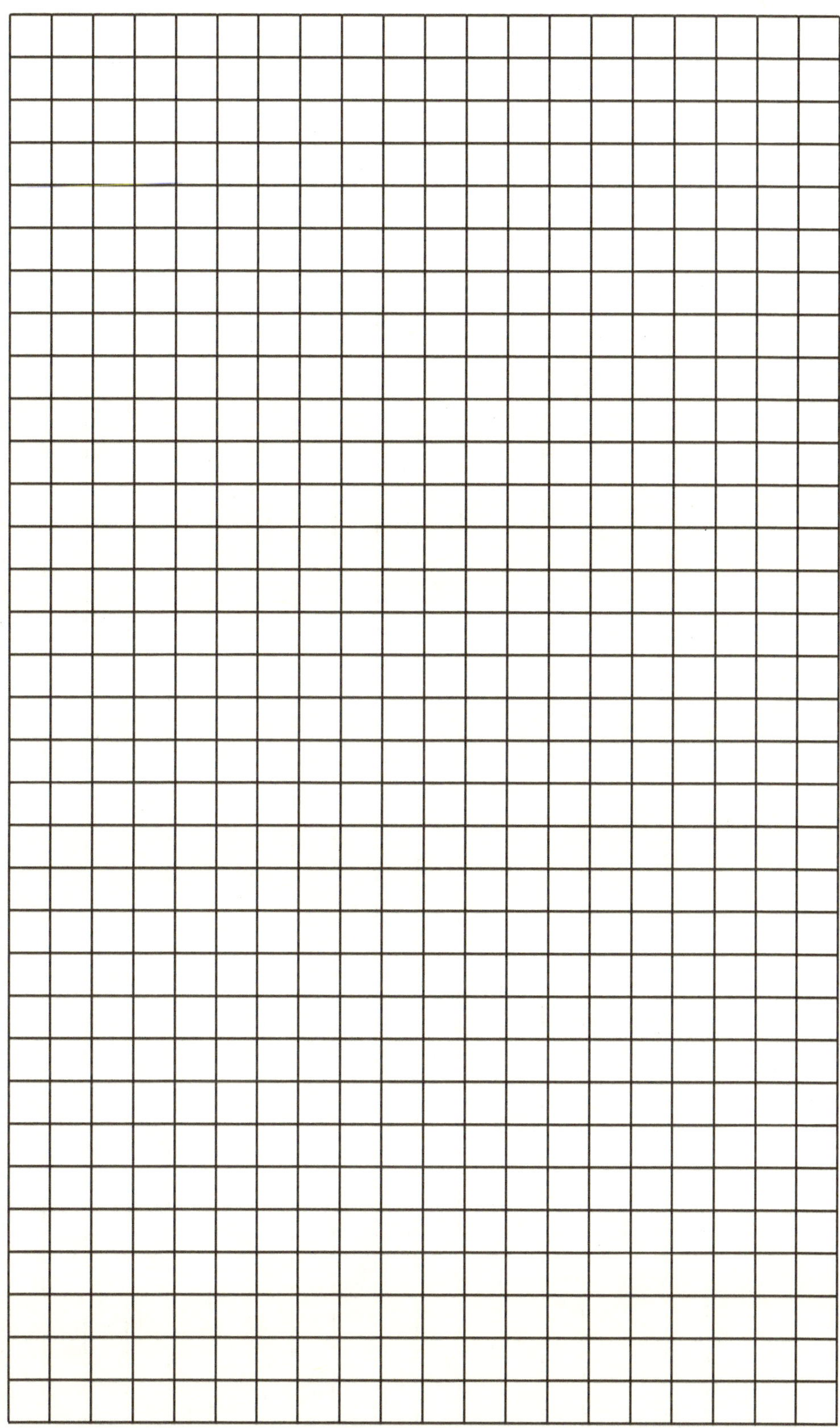

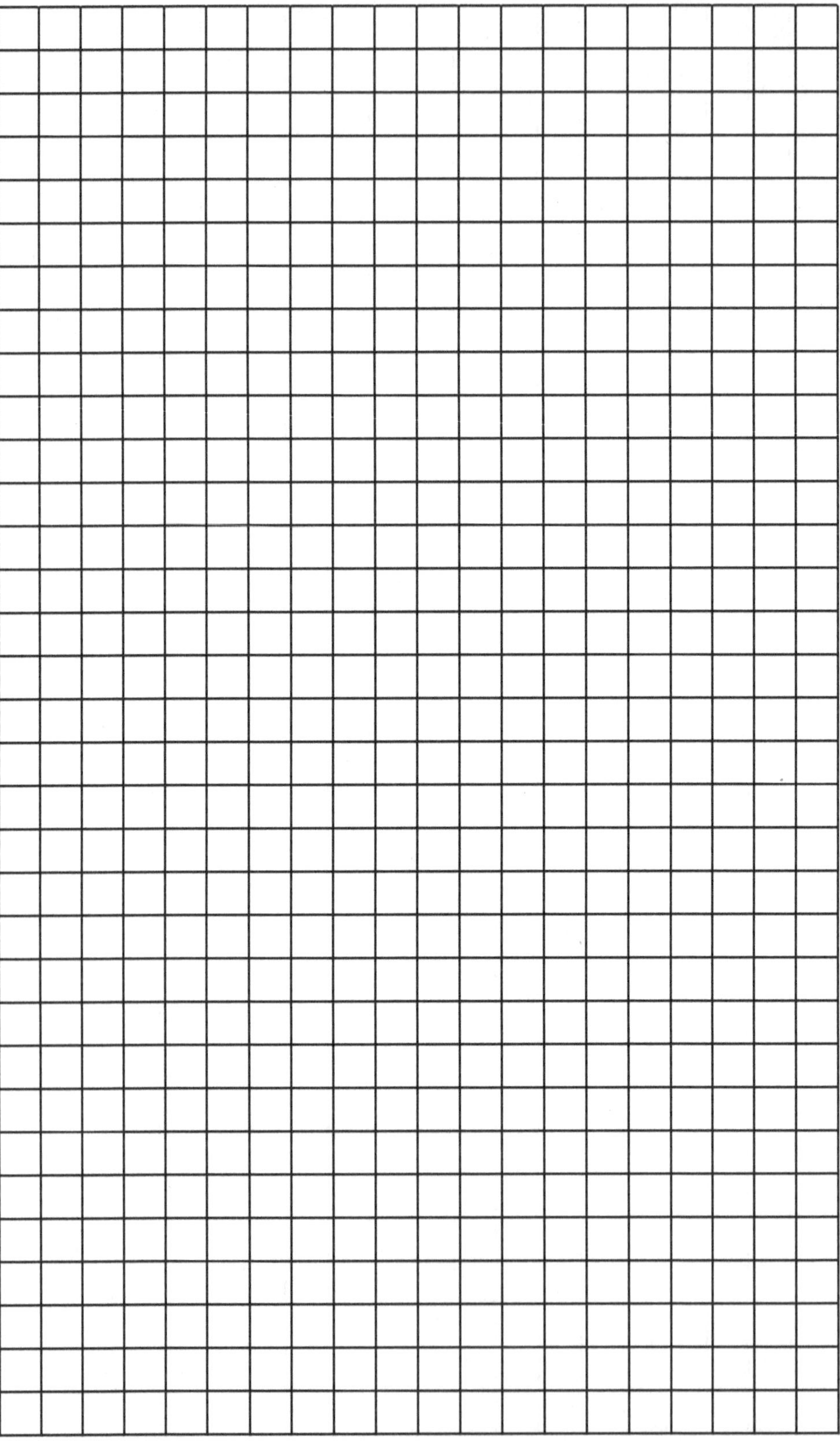

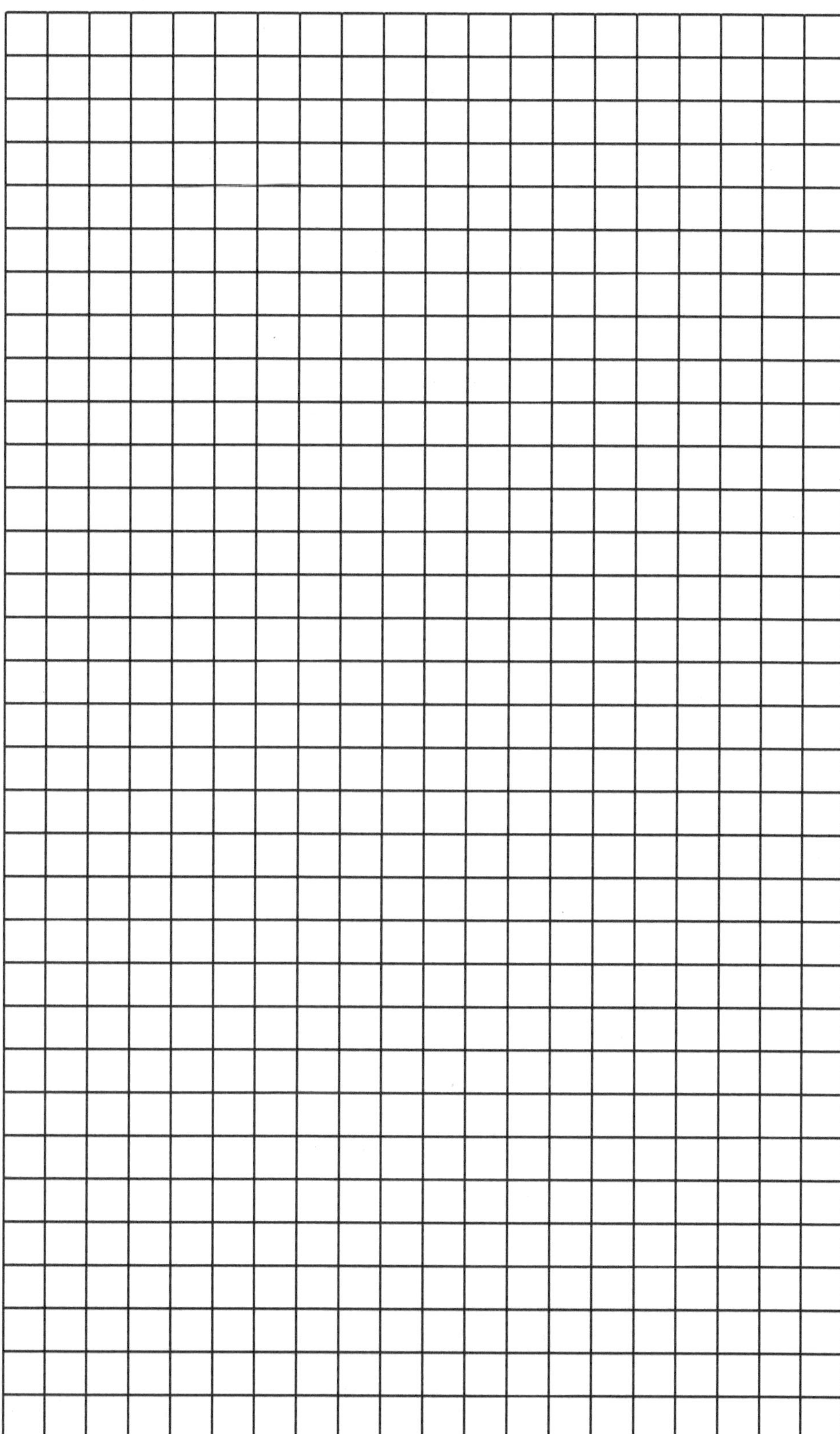

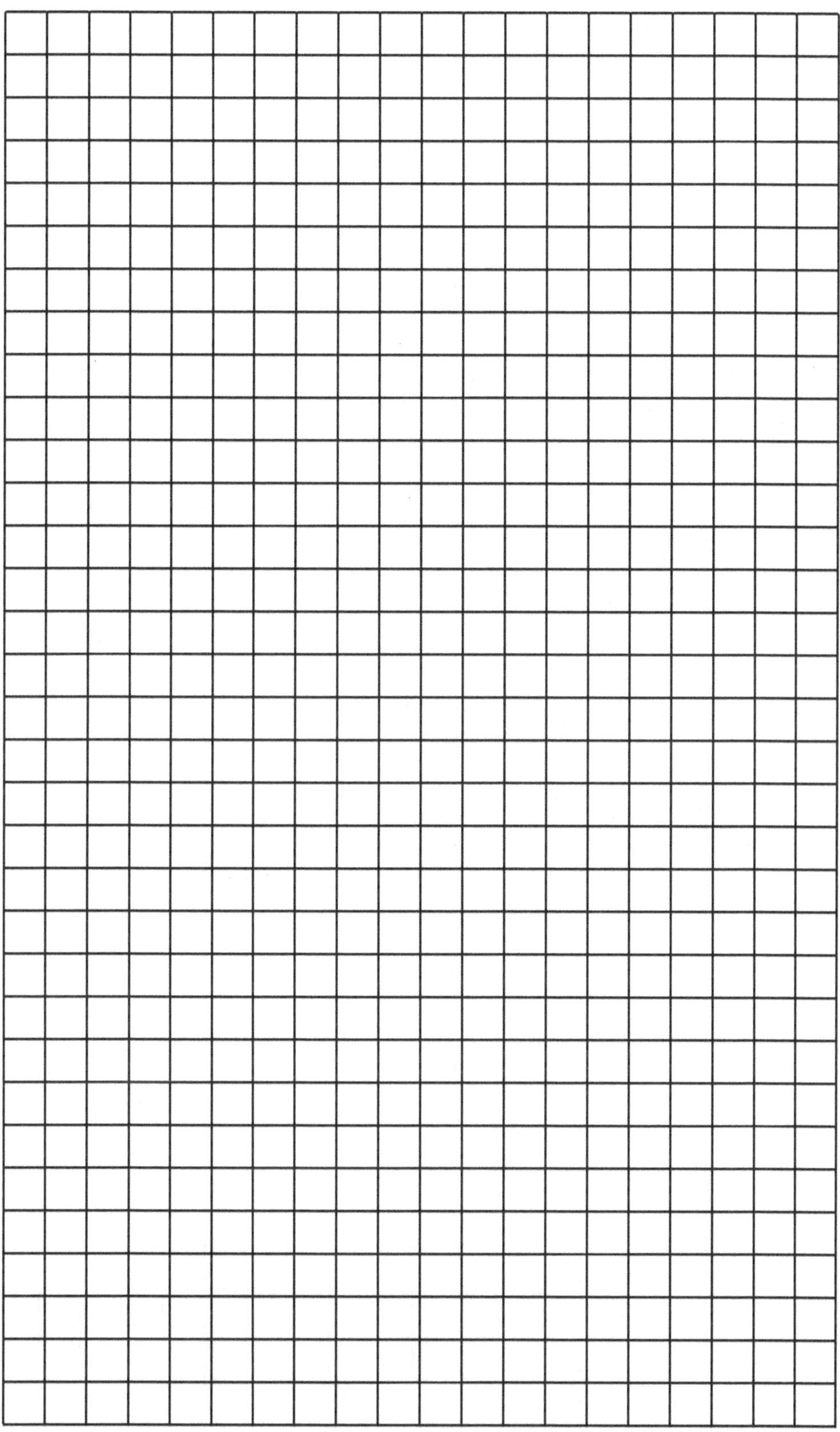

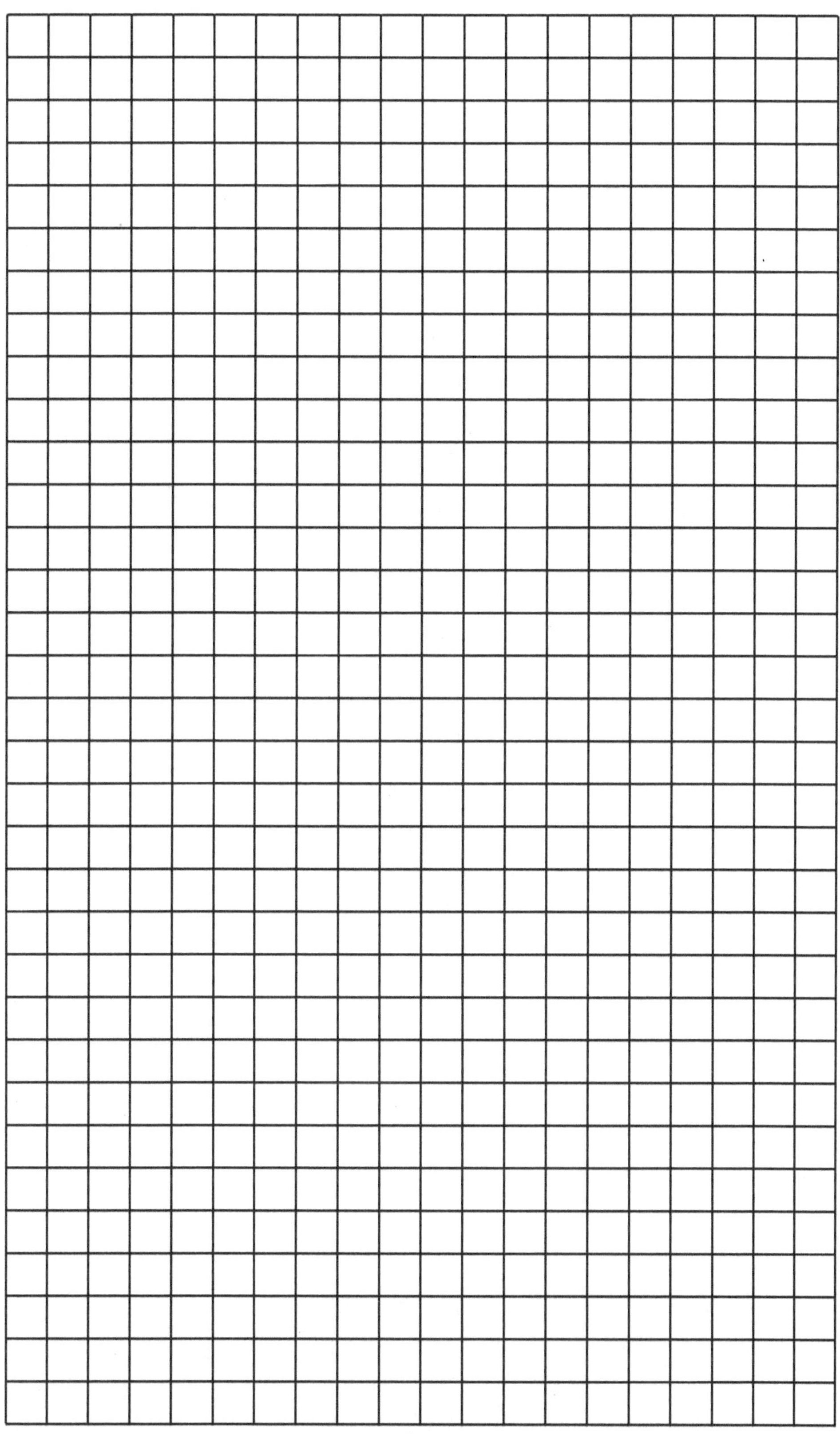

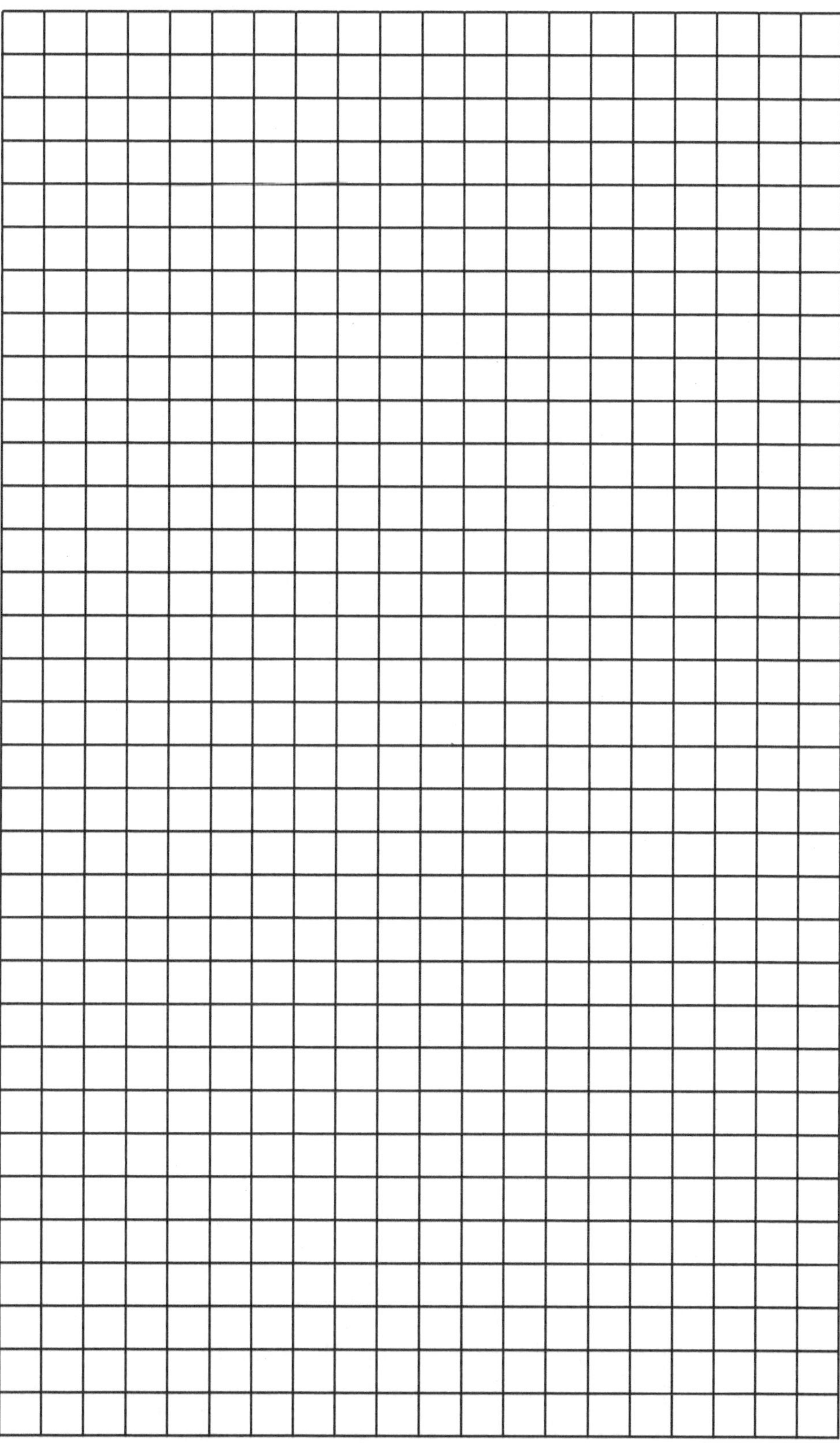

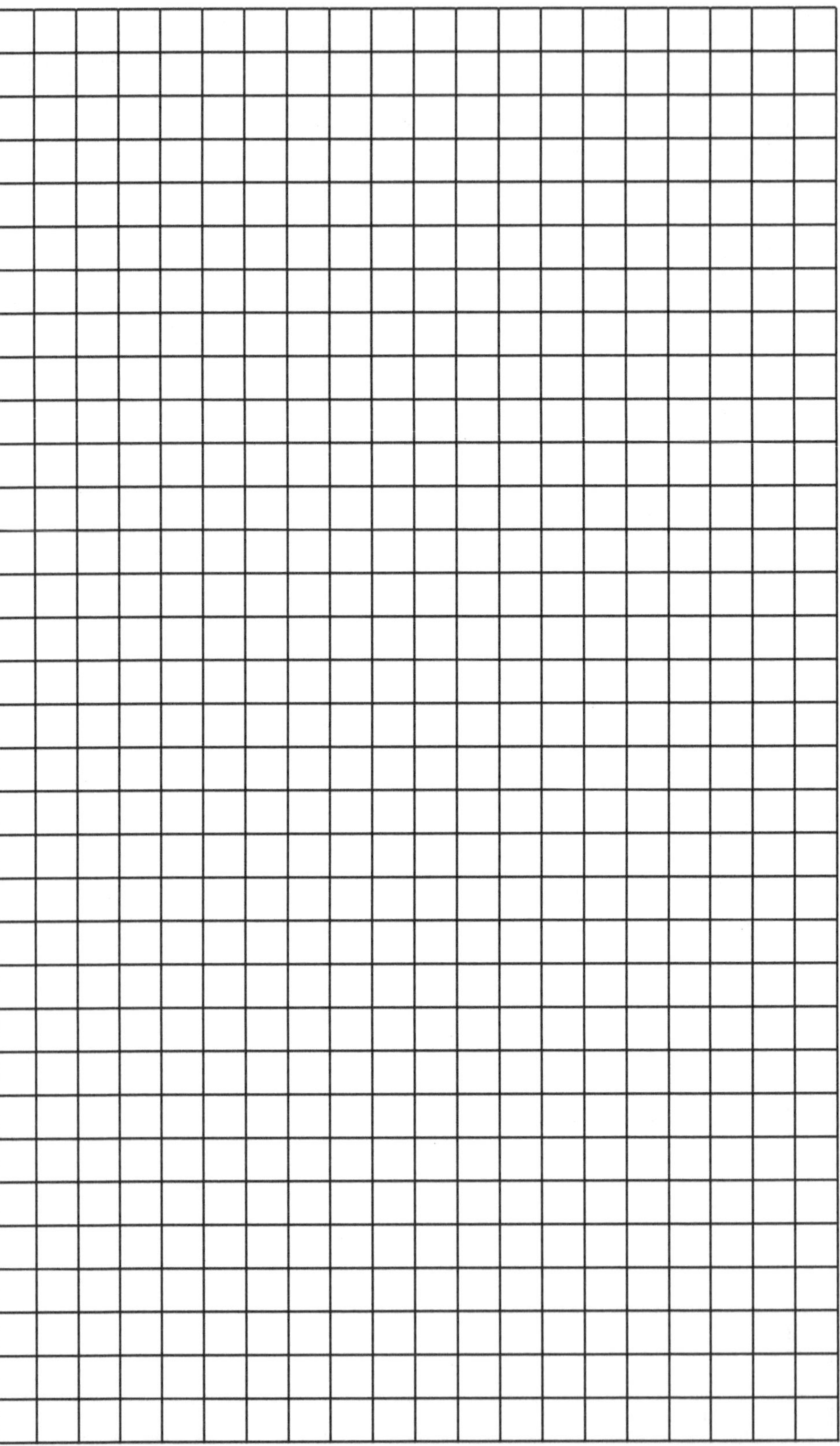

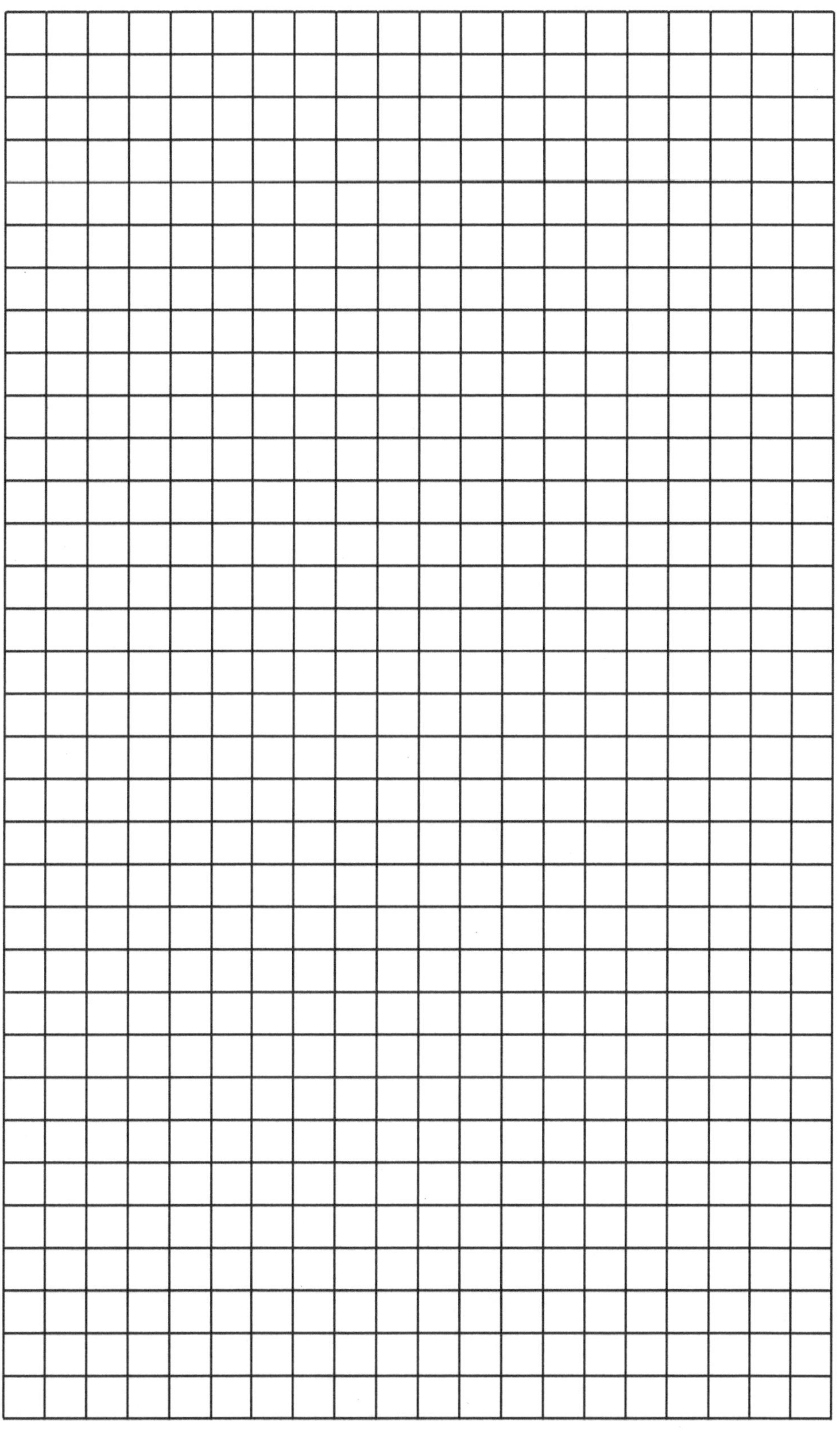

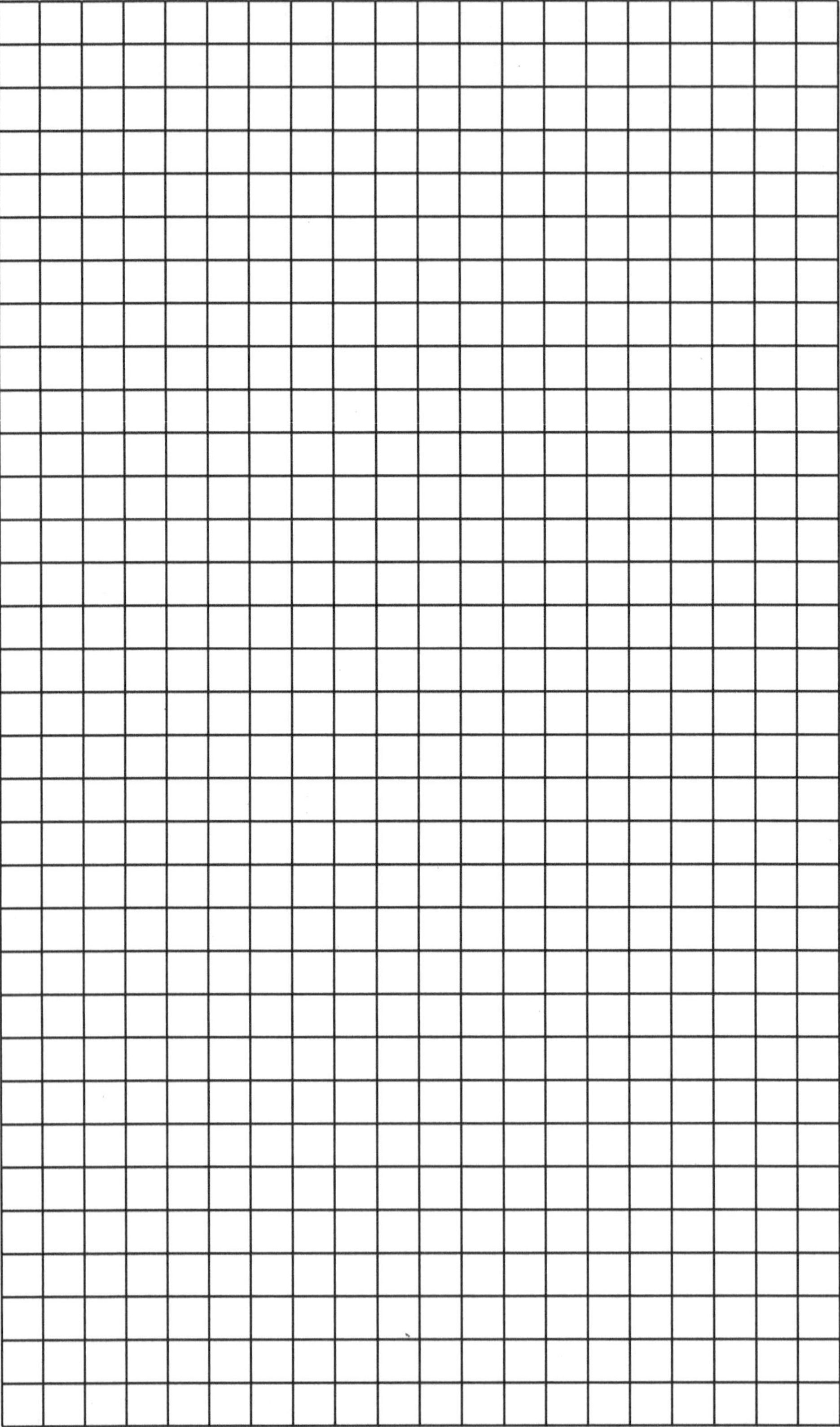

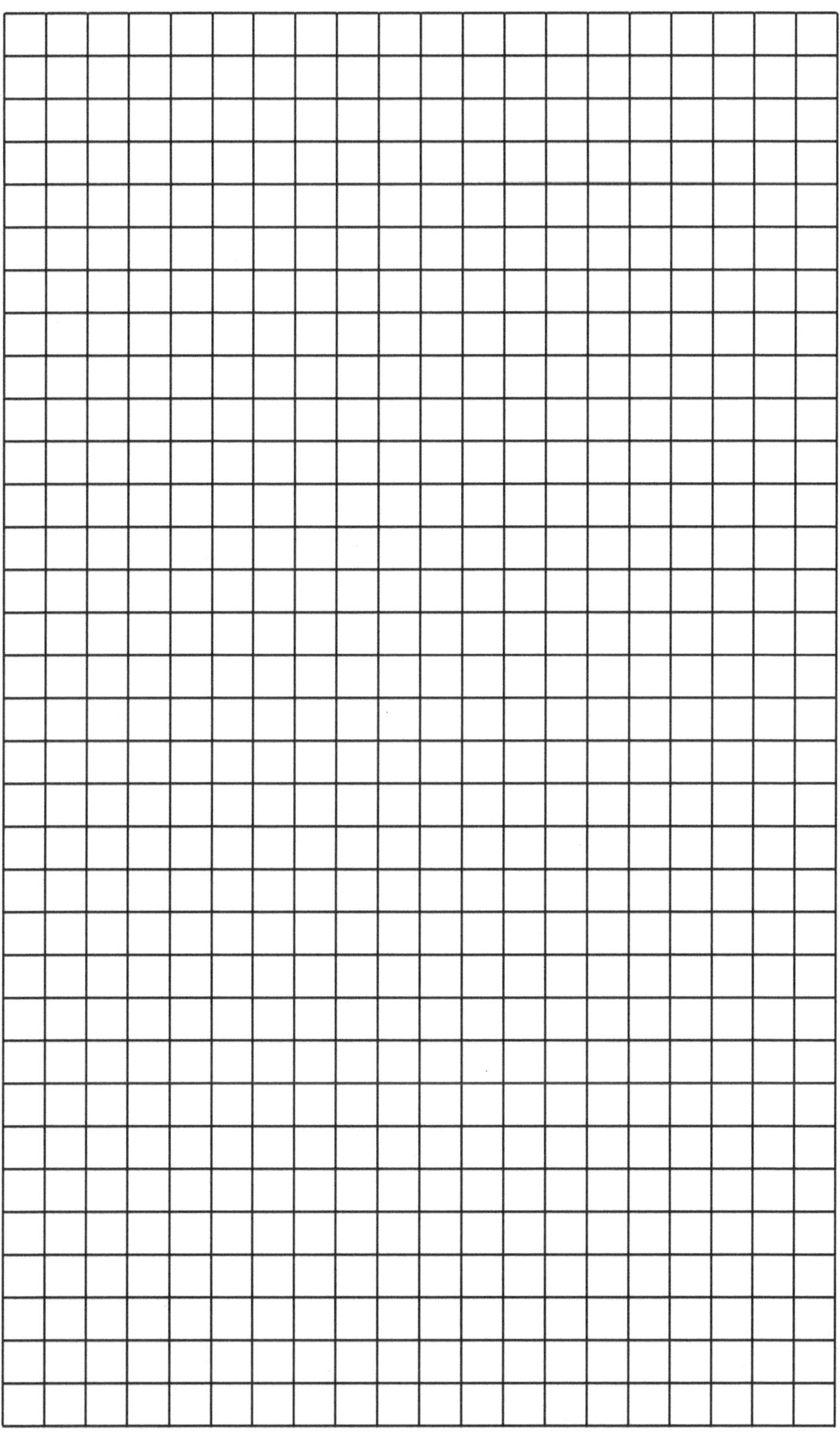

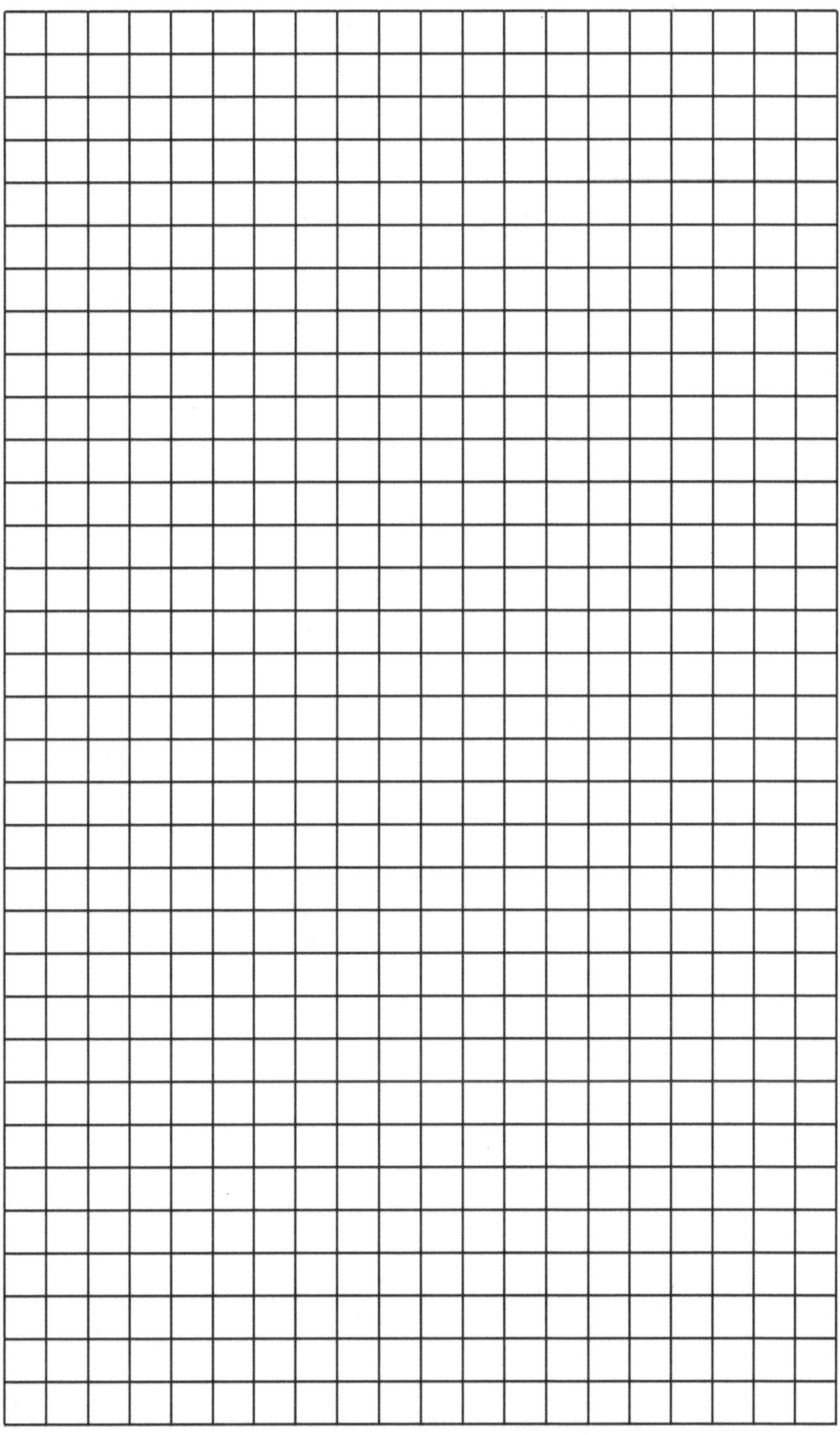

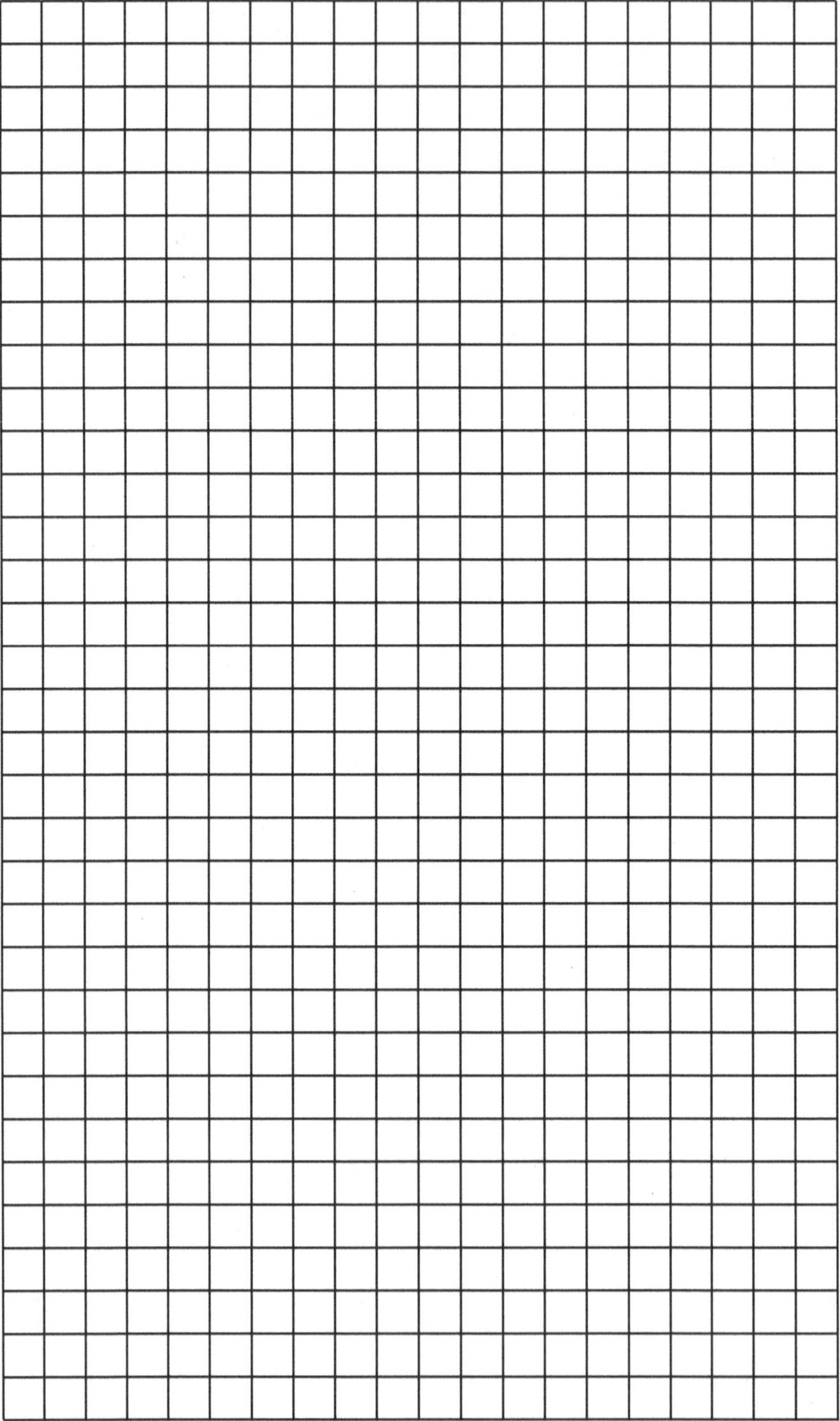

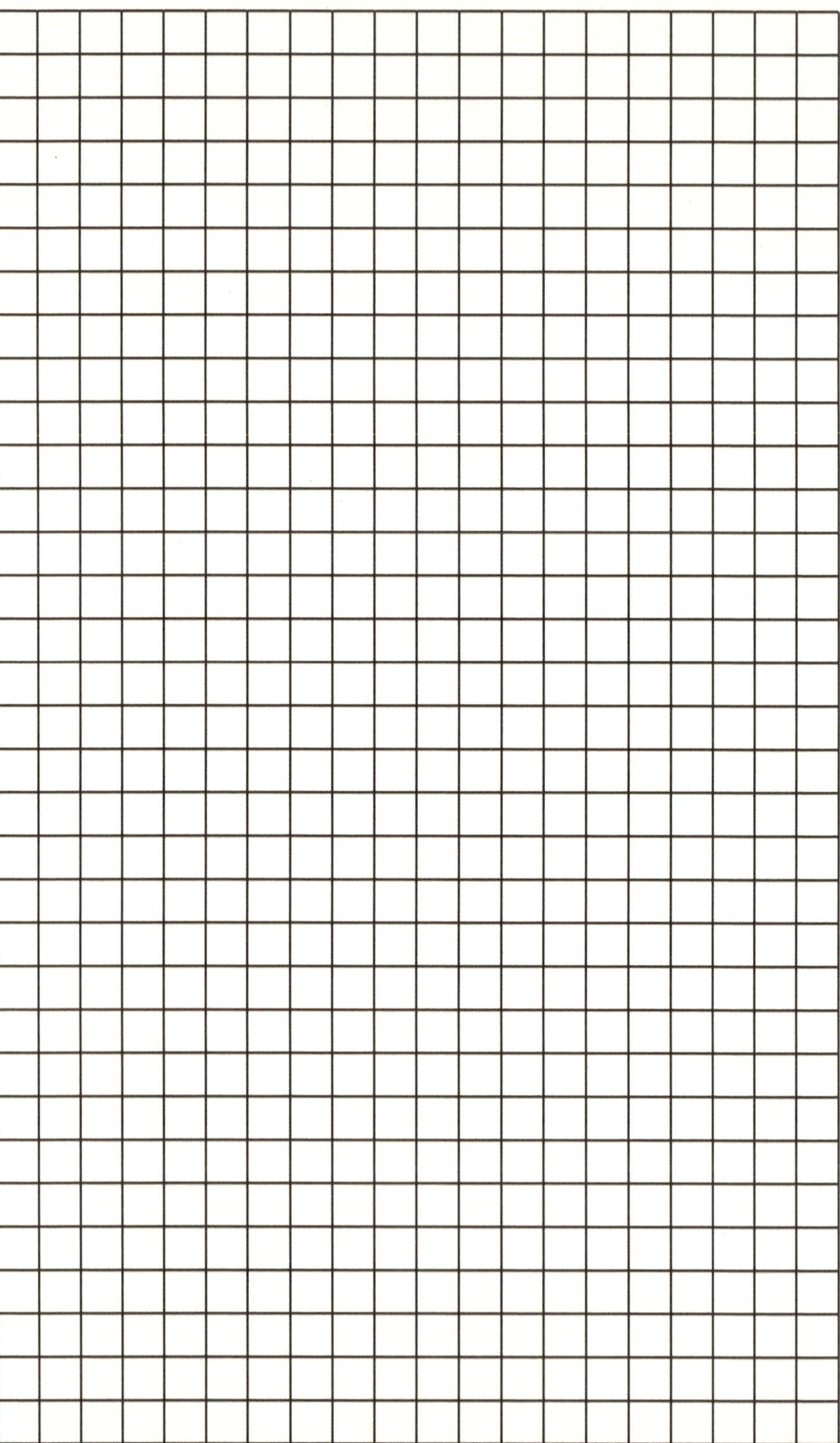

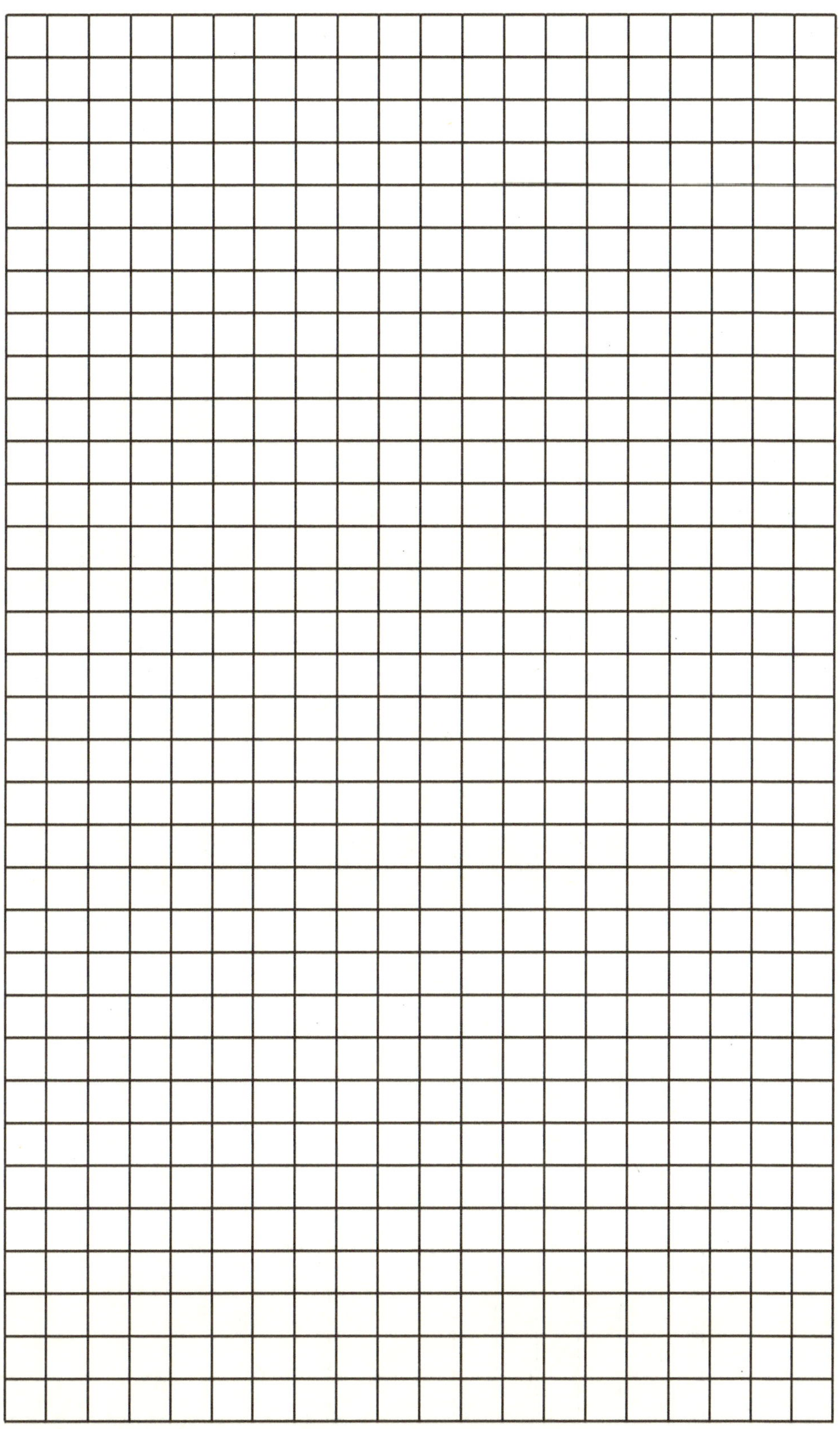

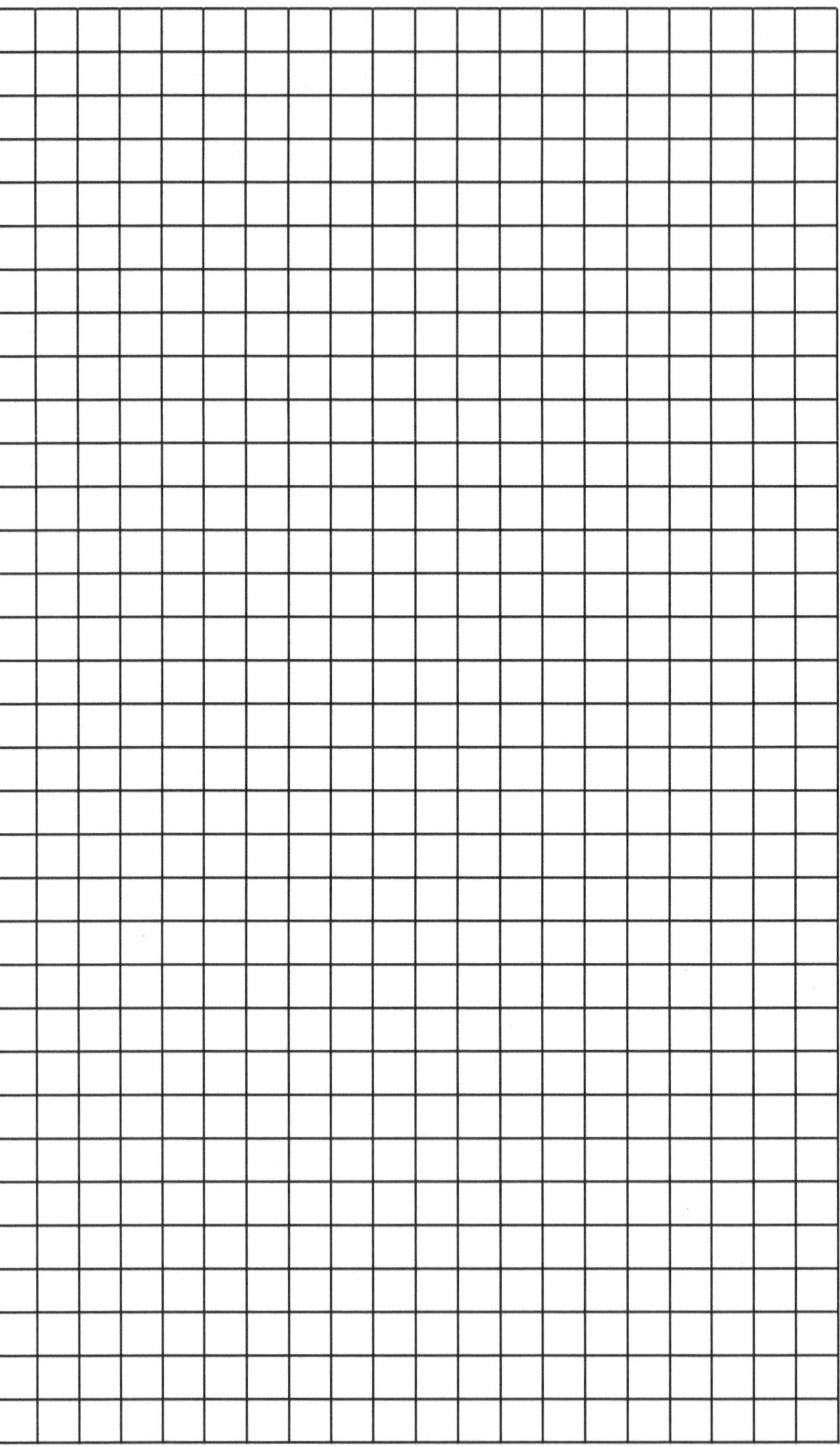

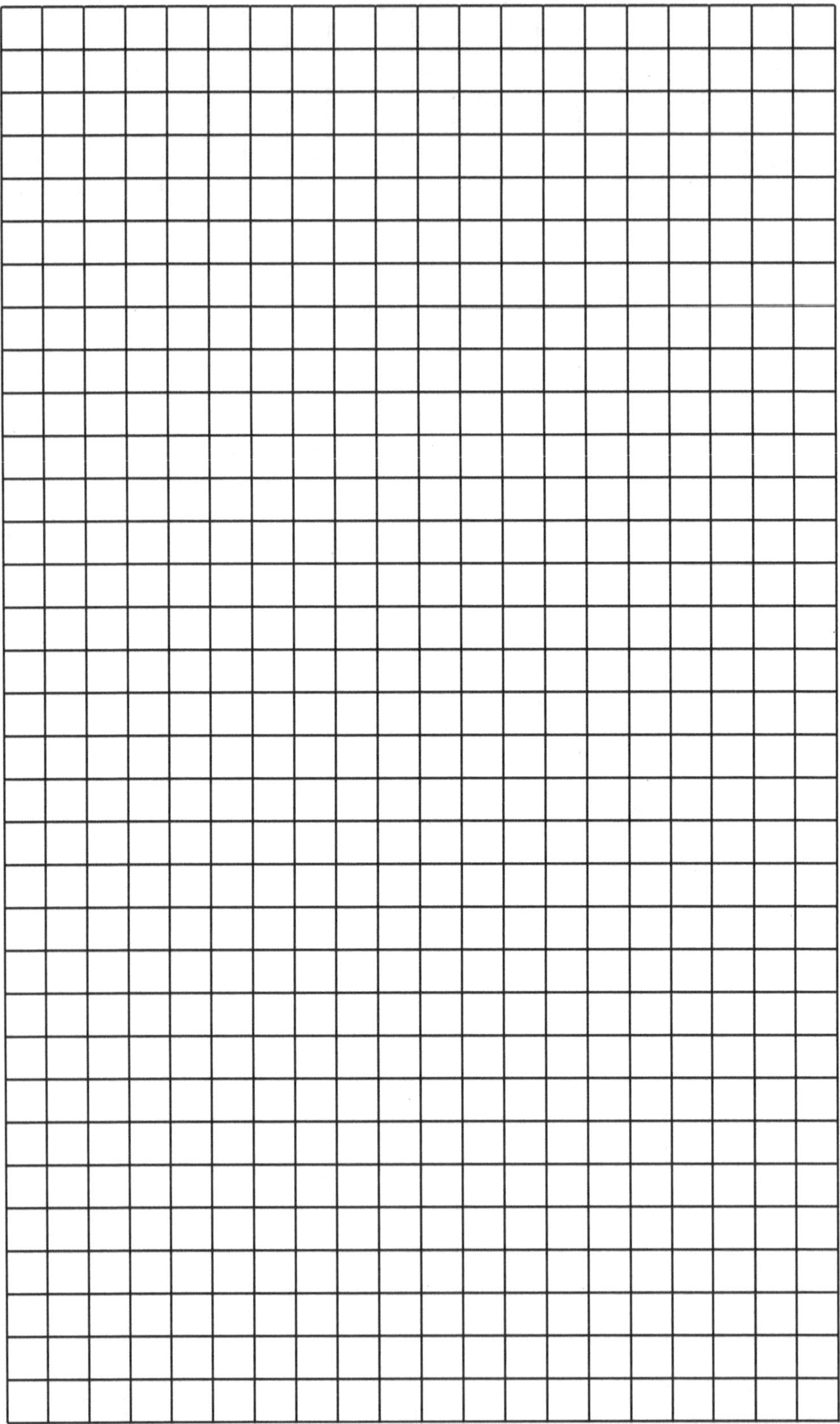

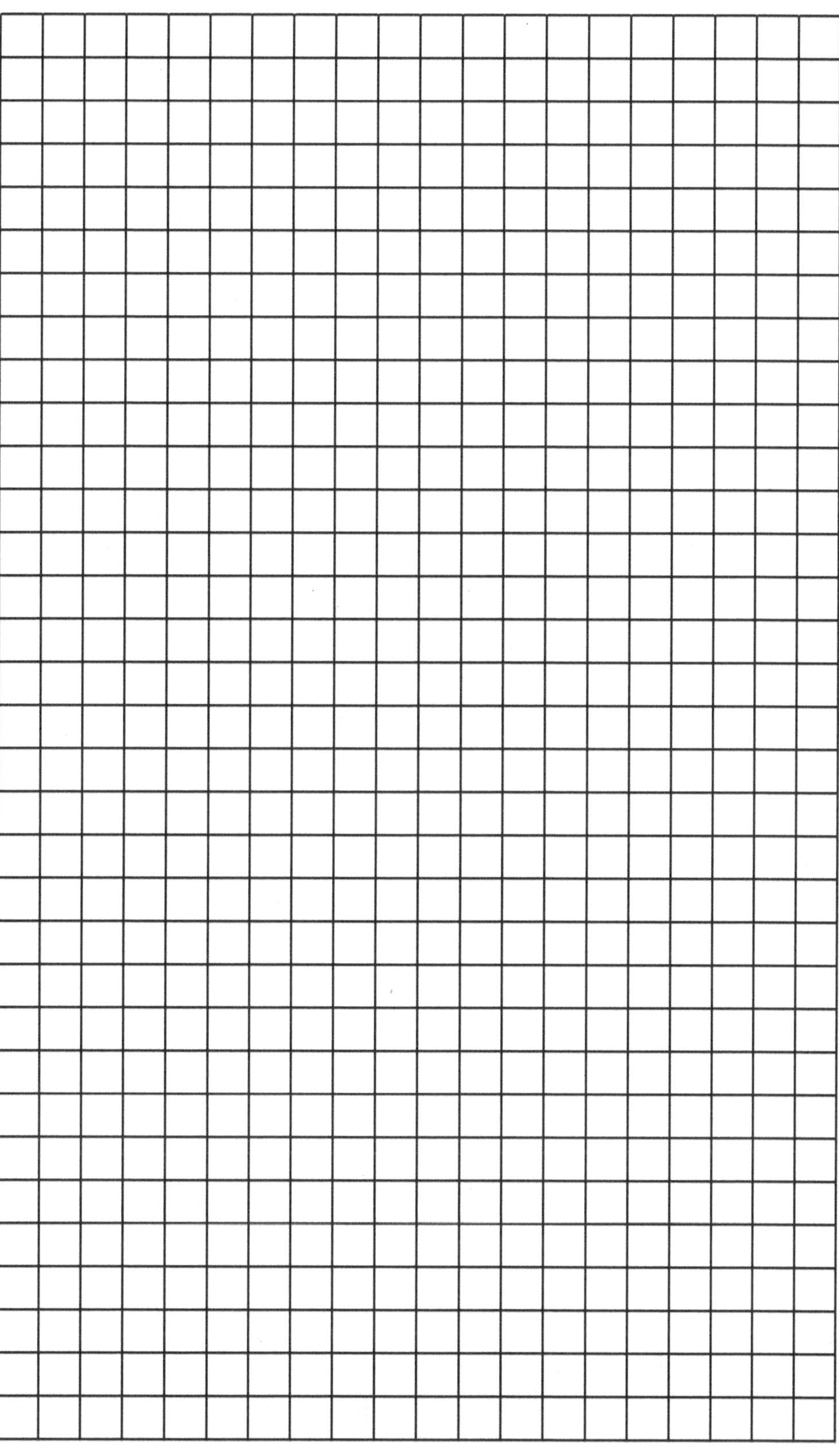

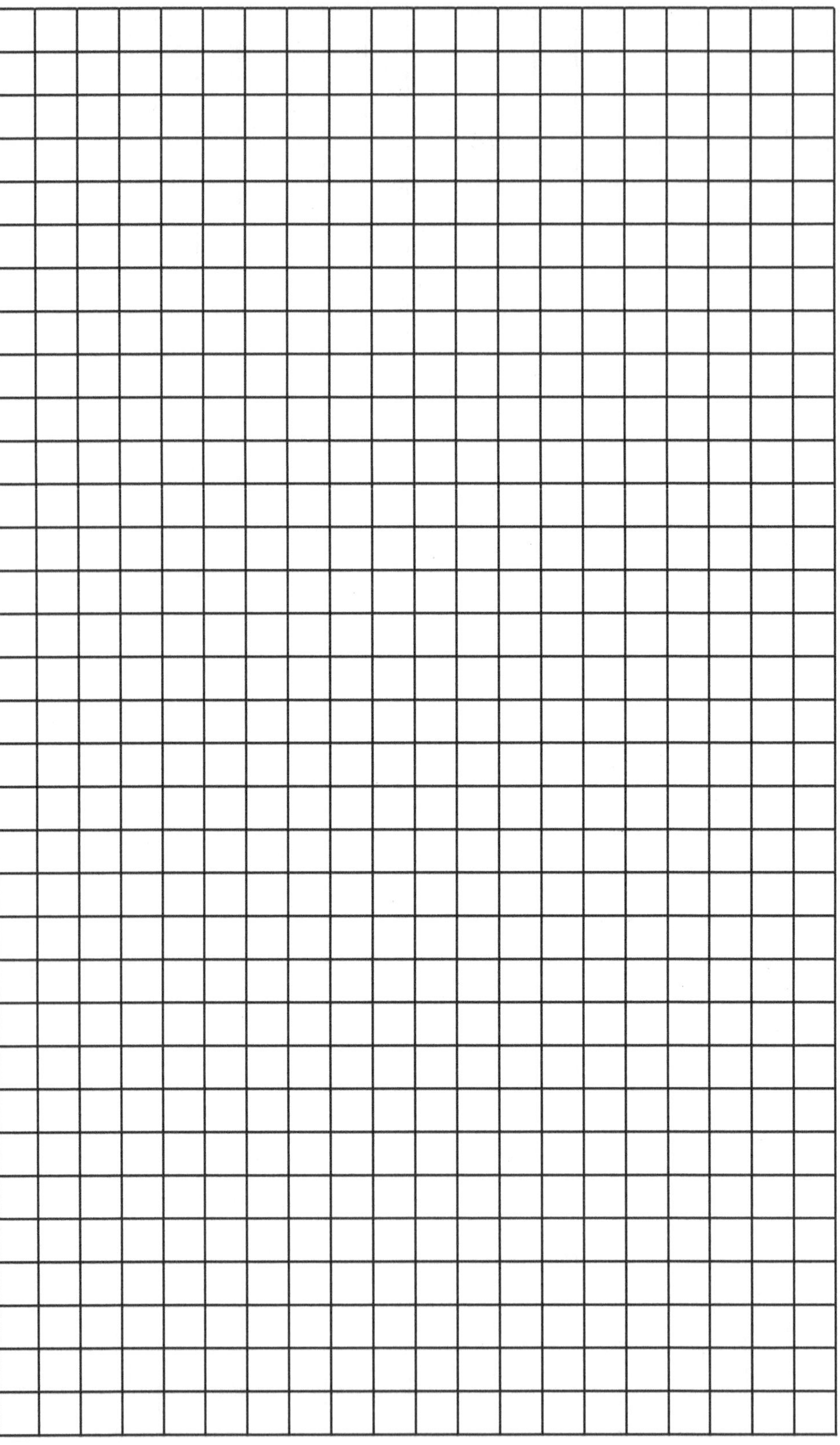

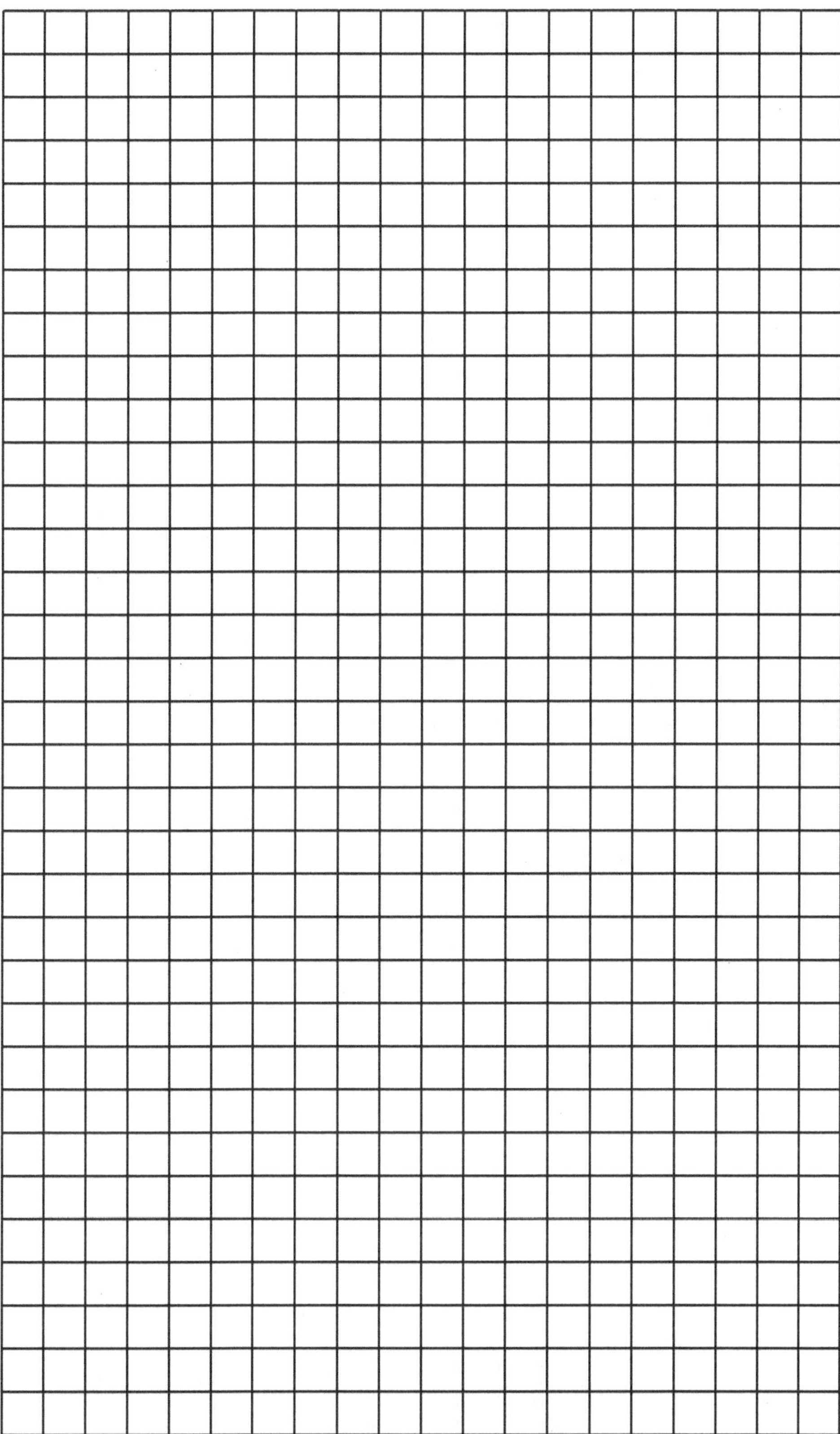

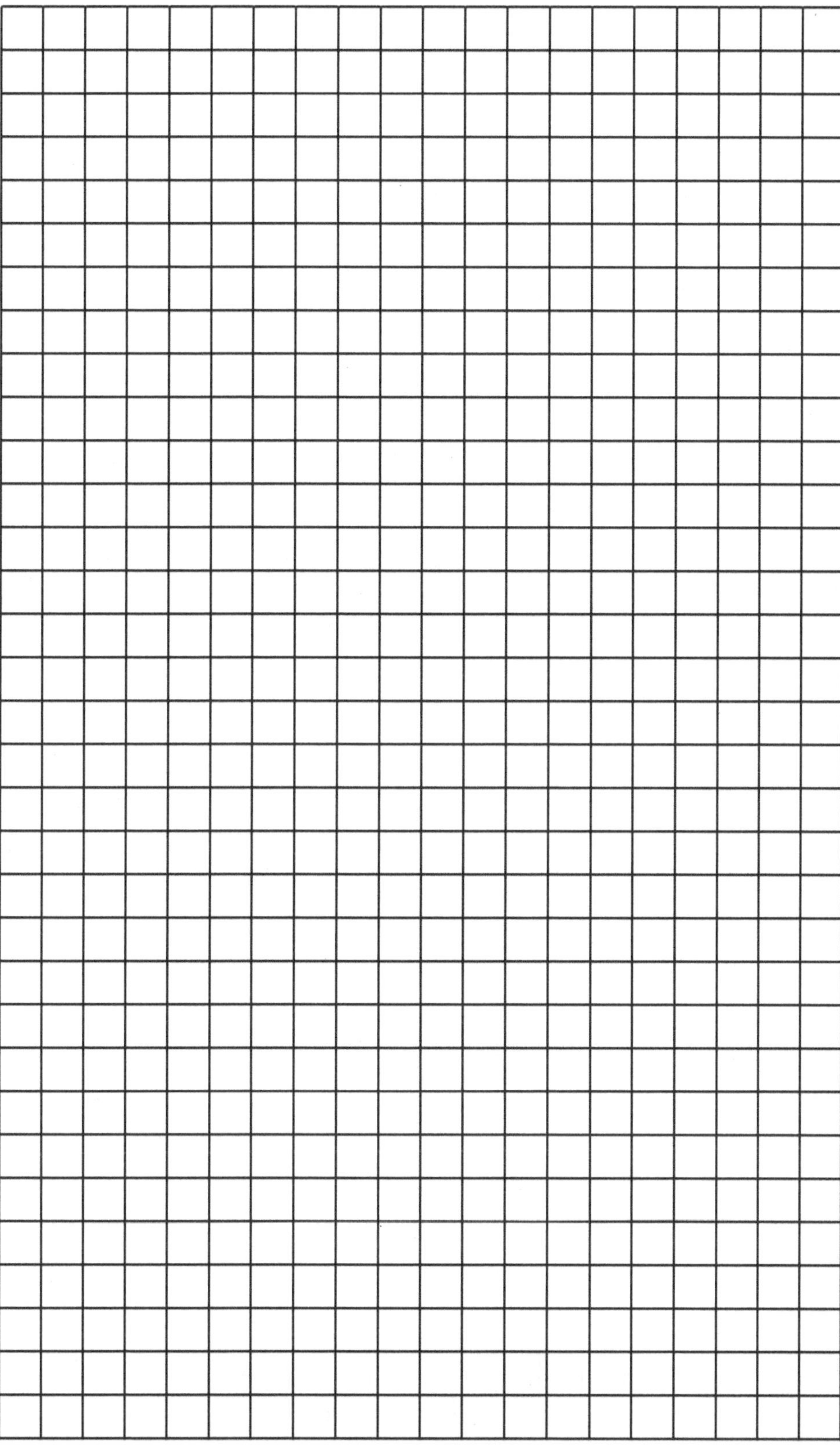

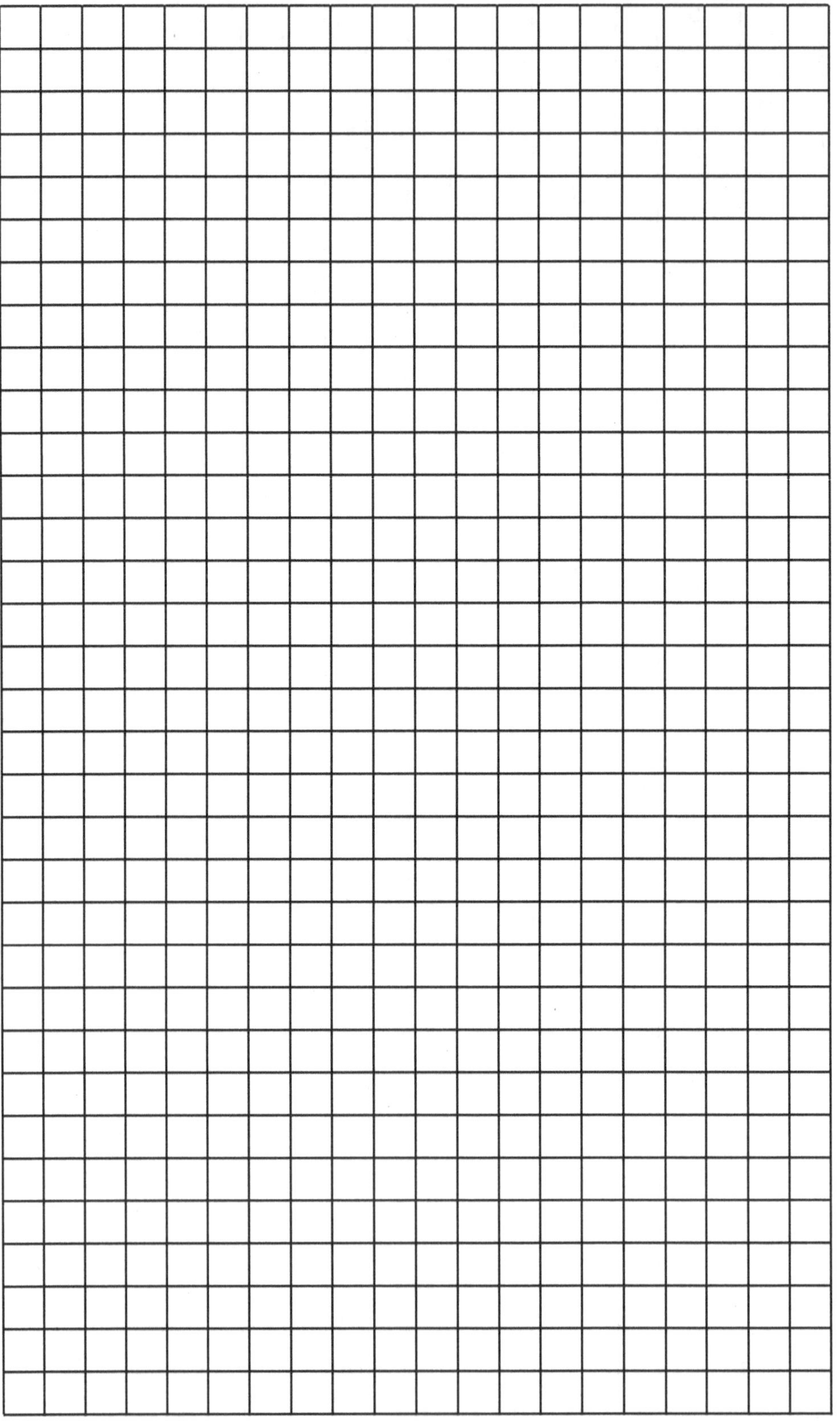

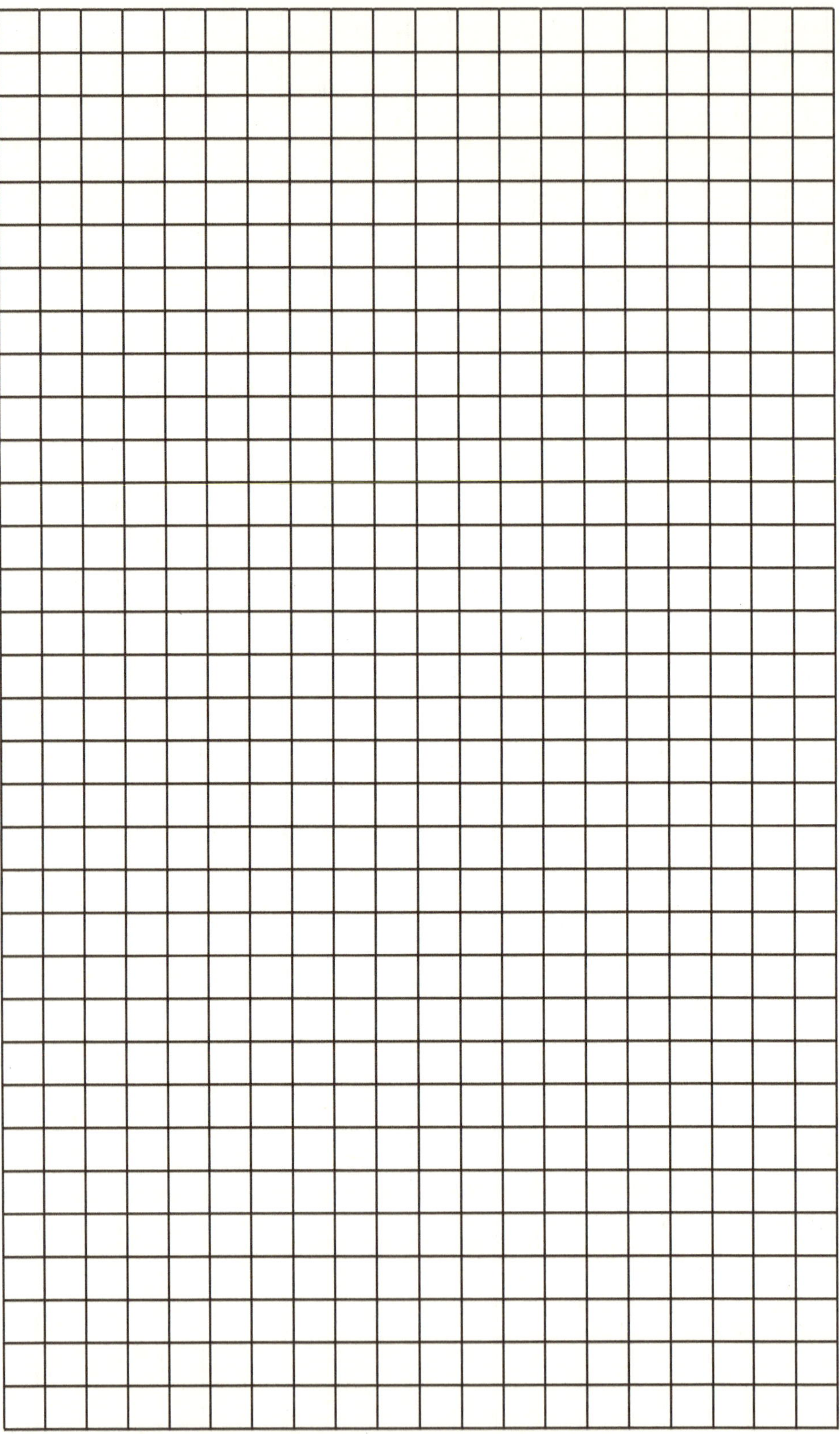

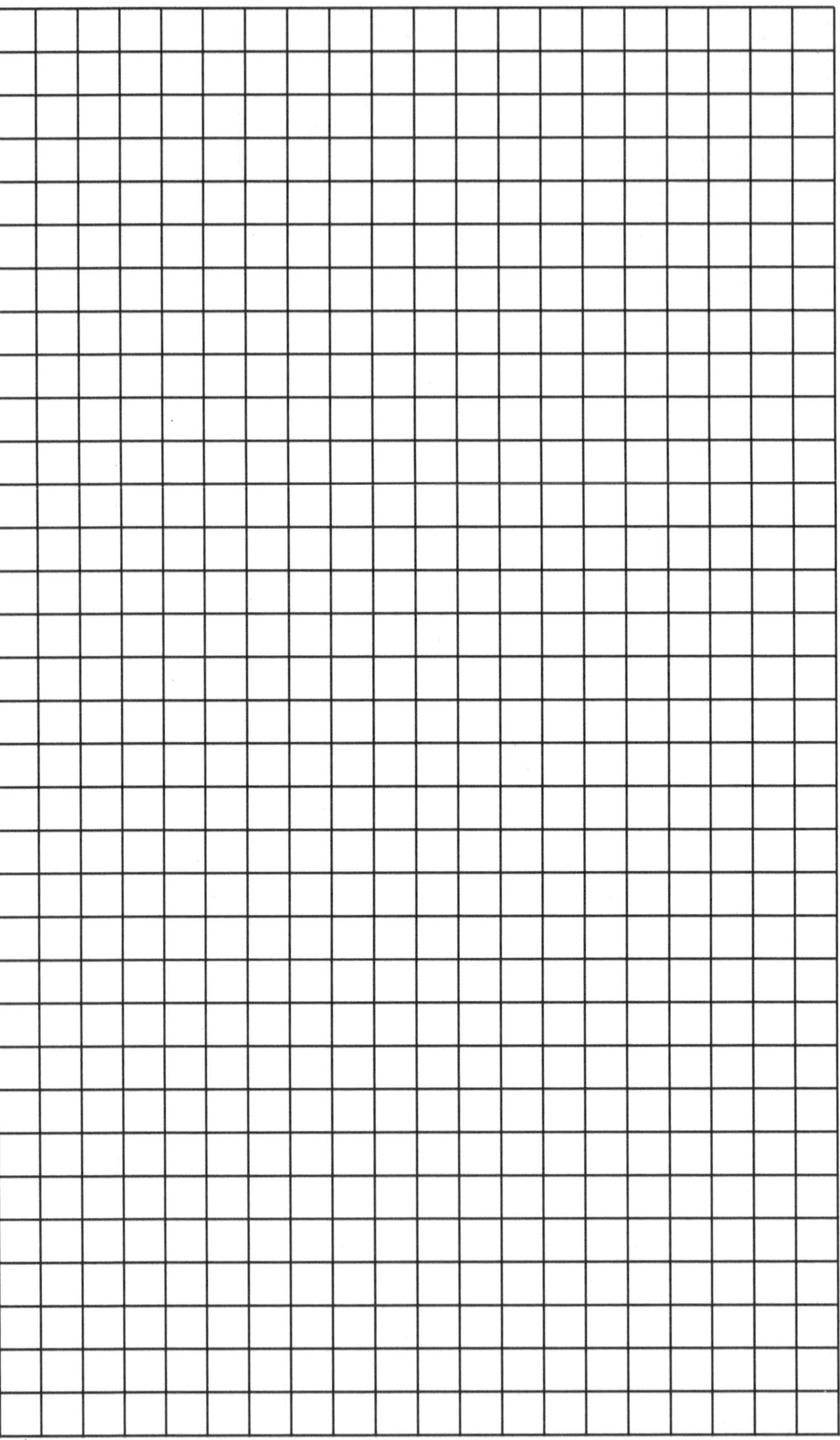

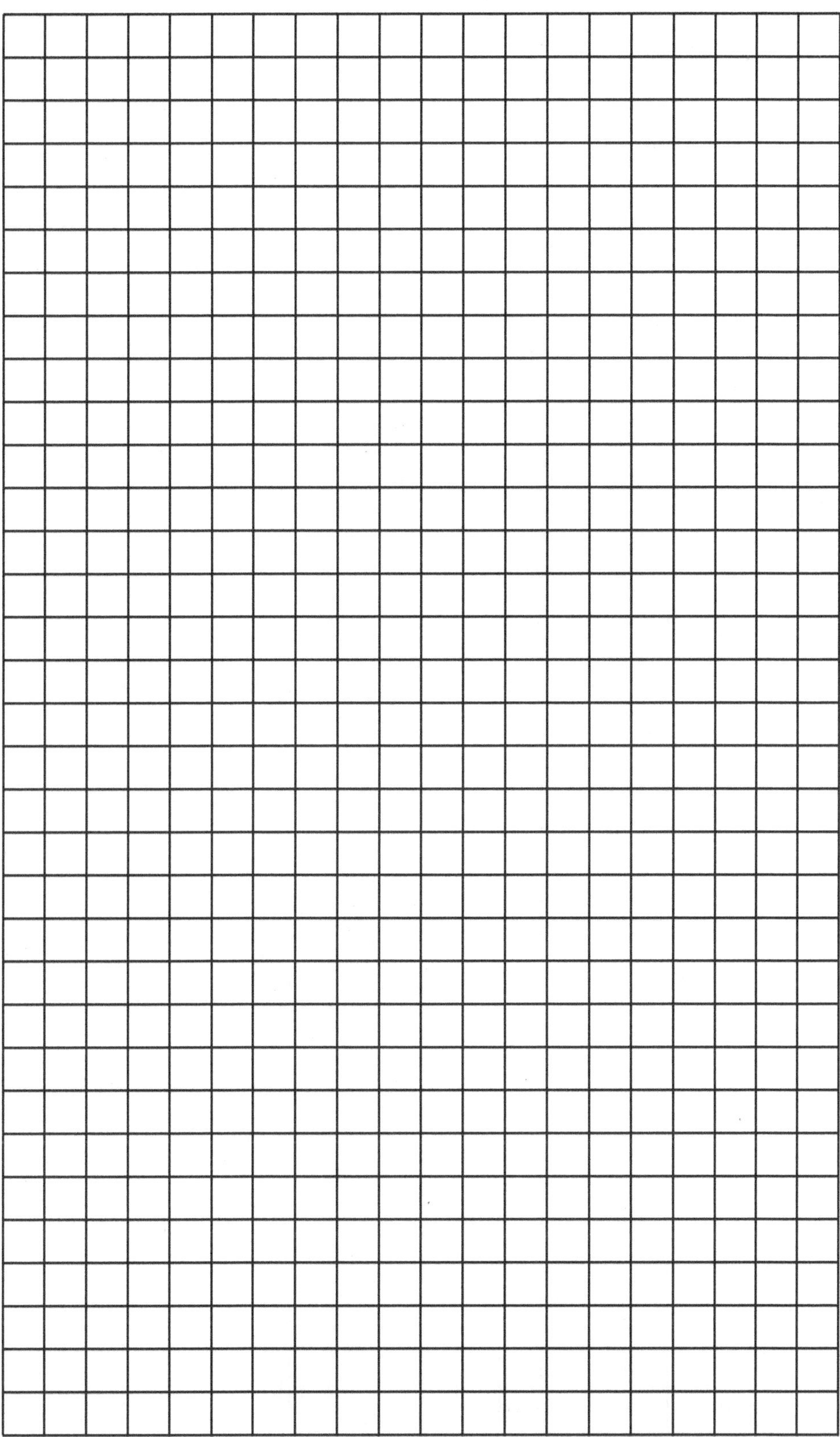

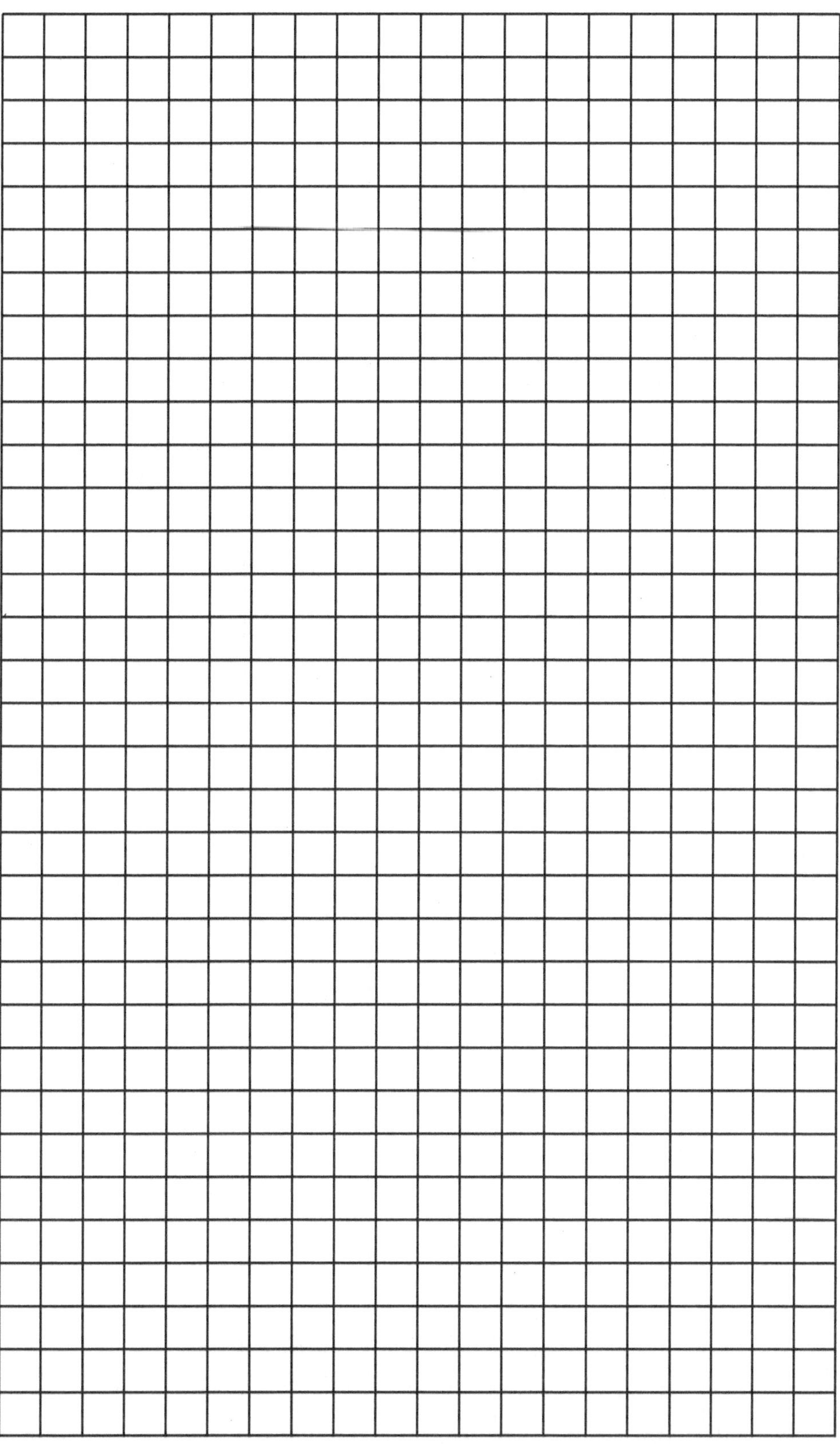

www.ingramcontent.com/pod-product-compliance
Lightning Source LLC
LaVergne TN
LVHW101924220826
846093LV00009B/360

* 9 7 8 1 6 8 7 7 2 1 0 0 6 *